SMART INVERTER
스마트 인버터

이선행 · 차지윤 · 조성준 · 조성수 · 이교범 공저

문운당

본 교재는 2019년도 산업통상자원부의 재원으로 한국에너지기술평가원(KETEP)의 에너지인력양성사업(No. 20194030202370)을 바탕으로 집필되었습니다.

본 교재는 2020년도 한국전력공사의 재원으로 전력연구원의 연구(과제번호 : R19DA09)를 바탕으로 집필되었습니다.

머리글

최근 지구 온난화로 인하여 발생하는 폭염, 폭설, 태풍 등 이상 기후 현상이 세계 곳곳에서 관측되고 있다. 인구 증가와 산업 발전에 따른 에너지 수요 확대는 화석 연료 중심의 에너지 공급 체계에서 지속적인 이산화탄소 배출량 증가라는 결과를 초래하였다. 국제에너지기구에서 발간한 '글로벌 에너지 리뷰' 보고서에 따르면 2021년 세계 에너지 수요는 2020년보다 4.6% 증가하며, 이로 인한 화석 연료 수요도 4.8% 증가하여 이산화탄소 배출량이 1.5Gt 상승할 것으로 예상된다.

기후변화에 관한 정부간 협의체인 IPCC (Intergovernmental Panel on Climate Change)는 인간의 활동에 의한 온실가스 배출을 최대한 감소시키고 잔존 온실가스는 흡수 또는 제거하여 실질적인 배출량이 없게 하는 탄소중립을 실현하기 위해 다자간 협의를 진행해 왔다. 국제 사회는 기후 변화의 심각성을 인지하고 해결하기 위하여 교토의정서에 이어 2015년 파리협정을 채택하였다. 이에 따라 국내에서도 '2050 탄소 중립 추진전략'을 발표하였고 경제구조의 저탄소화, 신유망 저탄소산업 생태계 조성, 탄소중립 사회로의 공전 전환, 탄소중립 제도적 기반 강화라는 전략을 추진한다. 이에 따라 에너지 공급 체계도 화석 연료 발전 중심에서 재생에너지와 그린수소 중심으로 전환하여 태양광과 풍력 등의 분산전원 중심의 전력 공급체계를 구축할 예정이다. 정부는 2019년 발표된 제3차 에너지기본계획을 통해 2040년까지 전체 발전량의 30%를 분산전원으로 구축한다는 계획이다.

하지만 전력 계통에 다양한 분산전원이 연계되고 용량이 증가함에 따라 계통 조류에 미치는 영향이 커지고 있으며 이에 따른 전력 계통의 안정성 하락이나 전력 품질 저하 등의 문제를 해결하기 위한 대책이 필요하다. 따라서 분산전원을 계통에 연계하기 위한 전력변환장치에 계통 지원 기능을 탑재하여 안정적인 배전망 운영에 기여하는 새로운 개념의 인버터가 소개되었다. 스마트 인버터는 이러한 계통 지원 기능을 탑재한 전력변환장치를 의미하며, 스마트 인버터의 적용 확대와 효과적인 제어 방법 및 통합 관리 시스템을 구

머리글

축 등에 대한 연구가 활발히 진행되고 있다.

스마트 인버터에서는 배전 계통의 분산전원 수용력 확대를 위하여 계통 지원 기능인 Volt-VAR 제어, Frequency-Watt 제어, 역률 제어 등의 계통 지원 기능을 국제 표준 정보 모델과 통신 방식에 기반하여 구현해야만 한다. 분산전원에 설치된 다수의 스마트 인버터가 분산전원 관리 시스템의 운영 시나리오에 따라 출력을 최적으로 제어하는 것은 배전 계통의 안정도 향상에 기여하고 스마트 전력 계통 구축에 다가서는 중요한 기반이 될 것이다.

이 책에서는 분산전원을 계통 연계하기 위한 전력변환장치의 전력회로와 기본 동작 및 제어 방법을 계통 지원 기능이 포함된 스마트 인버터의 개념을 소개한다. 스마트 인버터에서 제공하는 계통 지원 기능의 특징을 기술하고 인버터 출력 제어에 따라 계통에 미치는 영향을 분석하며 안정적인 계통 운영을 위한 출력 제어 우선순위 선정 방법 등을 설명한다. 전력전자공학을 전공하는 대학원생뿐만 아니라 분산전원 발전 사업자 및 계통 운영자 입장에서 알아야 할 스마트 인버터의 동작 원리와 제어 기법을 알기 쉽게 서술하였으며 다양한 계통 시나리오에서 스마트 인버터 출력 제어 기능의 효과를 확인하기 위한 시뮬레이션 결과를 포함한다.

끝으로 교재 출간을 위해 수고를 아끼지 않은 아주대학교 전력전자연구실 학생들(특히, 원동호 학생)과 출판사 관계자에게 깊이 감사드리며 머리말을 마친다.

2021년 10월 저자 일동

목 차

Chapter 01 스마트 인버터 개요

Chapter 02 Fixed Power Factor 제어 기능

Chapter 03 Volt-VAR 제어 기능

Chapter 04 Volt-Watt 제어 기능

Chapter 05 Frequency-Watt 제어 기능

Smart Inverter

CHAPTER 01

스마트 인버터 개요

Chapter

01 스마트 인버터 개요

분산전원(DR, Distributed Resources)은 대규모 집중형 전원과는 달리 소규모로 전력 소비 지역의 부근에 분산하여 배치가 가능한 발전 설비를 의미한다. 신재생 에너지를 이용한 발전 설비와 자가용 전기설비에 해당하는 발전 설비가 포함된다. 최근 연료 전지, 태양광, 풍력 등과 같은 신재생 에너지원을 이용하는 분산전원의 계통 접속이 증가함에 따라 계통의 조류에 미치는 영향이 증가하고 있다. 스마트 인버터는 전력 계통의 안전성 하락이나 전력 품질 저하를 방지하기 위해서 분산전원을 계통에 접속하기 위한 전력변환장치에 계통 지원 기능을 탑재한 것이다. 스마트 인버터는 배전 계통의 분산전원 수용력 확대를 위하여 다양한 계통 지원 기능을 구현하고 운영자가 상태를 감시할 수 있도록 국제 표준 정보 모델과 통신 방식을 탑재해야 한다.

본 절에서는 전력 계통의 구성, 스마트 인버터의 개념, 주요 기능 및 국내외 연구개발 동향을 기술한다.

1.1 전력 계통의 구성

전력 계통이란 [그림 1.1]과 같이 전력을 생산하여 부하에 공급하기 위한 발전, 송배전, 수용 설비 등으로 구성된 시스템이다. 발전 설비는 에너지원의 종류에 따라 수력, 화력, 원자력, 신재생 에너지에 의한 발전 등으로 구분할 수 있다. 수송 설비는 발전소에서 생산된 전력을 수용가까지 수송하기 위한 송전선, 변전소, 배전선 등이며, 수용 설비는 가정 및 공장에서 전력을 소비하는 장치이다.

전력 계통은 부하 수요에 따라 발전량이 변화하여 균형을 유지해야 하고 부하에 공급되는 전력의 품질이 저하되지 않도록 운영되어야 한다. 전력 수요는 시간에 따라 변화하므로 전력 발전량은 이에 대응하여 결정되어야 한다. 전력 발전과 수요의 불일치는 계통 전압의 주파수와 크기의 변화를 초래하여 계통을 구성하는 설비에 좋지 않은 영향을 준다. 따라서 계통 전압의 주파수와 크기를 일정하게 유지할 수 있도록 운영 및 제어를 수행해야 한다.

전력을 대량으로 저장할 수 있다면 급변하는 수요에 대응할 수 있다. 하지만 대용량의 전기 에너지 저장은 한계가 있으므로 전력의 발전과 수요의 균형을 제어하는 계통 관리 및 운영 알고리즘이 필요하다.

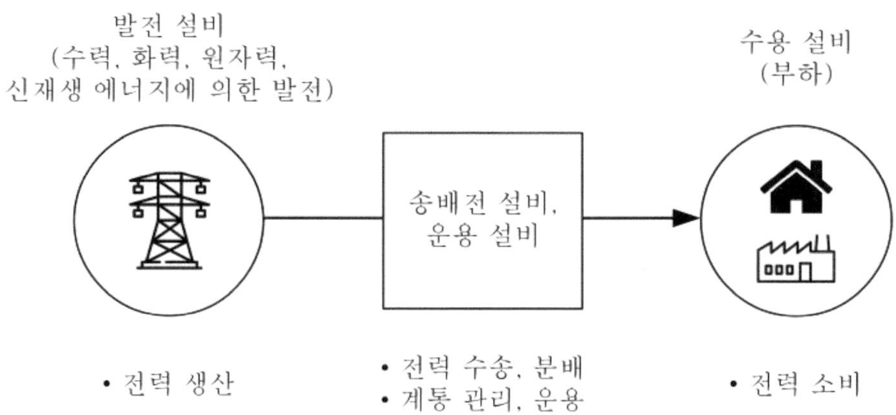

[그림 1.1] 전력 계통 개요도

1.2 스마트 인버터 소개

화석 연료를 이용한 전력 발전은 이산화탄소 배출량 증가, 환경오염 및 지구 온난화와 같은 문제를 발생시킨다. 이러한 문제를 해결하기 위해 연료전지, 태양광, 풍력 등의 신재생 에너지를 이용한 전력 발전이 대안으로 주목받고 있으나 일사량, 바람의 세기 등과 같은 자연 현상에 영향을 많이 받는 신재생 에너지원은 발전량을 인위적으로 조절하기 어렵다. 따라서 계통에 접속되는 신재생 분산전원 시스템이 증가할수록 계통의 조류에 영향을 미친다.

다수의 신재생 분산전원이 배전 계통에 연계될 경우 발전량이 부하의 소비 전력보다 높아지면 역조류 현상이 발생할 수 있으며, 외부 기상 조건과 같이 계통에 영향을 주는 추가 요인이 발생하고 배전 계통 구성의 복잡도가 증가한다. 따라서 배전 계통의 안정성 확보가 중요하다.

스마트 인버터는 미국의 전력연구소(Electric Power Research Institute, EPRI)에서 신재생 분산전원이 증가하여 발생할 수 있는 좋지 않은 영향을 방지하기 위해 도입한 개념이다. 스마트 인버터는 배전 계통에 연계되는 분산전원의 수용력 확대를 위한 출력 제어 기능을 탑재한 인버터로 계통으로 공급하는 유효 및 무효전력을 조절한다.

1.3 스마트 인버터 기능

스마트 인버터는 배전 계통의 안정화를 위하여 출력을 제어하는 기능을 가지며, 그 기능은 목적을 기준으로 [표 1.1]과 같이 총 5개로 분류된다. [표 1.1]에서 음영을 넣어 강조한 Fixed PF, Volt-VAR, Volt-Watt, Frequency-Watt, L/H Voltage Ride-Through, L/H Frequency Ride-Through, Watt-VAR 기능은 뒤에서 상세히 설명한다.

아래의 기능은 목적에 따라 총 5개로 분류된다.

- 모니터링 및 스케줄링 : 인버터로부터 정보를 수집하고 상황에 맞게 인버터 설정 변경
- 주파수 지원 : 계통 주파수의 안정화를 지원
- 유효전력 지원 : 계통 수요에 따른 유효전력을 출력
- 역률 지원 : 역률 제어를 통한 계통 안정화 지원
- 전압 지원 : 연계점 전압에 따른 유효 및 무효전력 제어

[표 1.1] 제어 목적을 기준으로 분류한 스마트 인버터 기능

모니터링 및 스케줄링	주파수 지원	유효전력 지원	역률 지원	전압 지원
기본 장치 설정 및 제한	Frequency-Watt 제어 기능	DER 전원 출력 제한 기능	Fixed PF 제어 기능	능동 Volt-Watt 제어 기능
연계/탈락 기능	L/H Frequency Ride-Through 요구 사항	능동 유효전력 지원	Volt-VAR 제어 기능	능동 무효전류 지원 기능
다중 계통 구성 관리를 위한 DER 설정		최대 전력 제한 기능	유효전력-역률 기능	Volt-Watt 제어 기능
상태 모니터링 지점		부하 및 발전기 기능		L/H Voltage Ride-Through 요구 사항
이벤트 로깅 및 보고		Watt-VAR 기능		
		배터리 저장 : 가격 기반의 충전/방전 기능		
		배터리 저장 : 직접 충전/방전 관리 기능		
		배터리 저장 : 조정 충전/방전 관리 기능 (시간)		
'가격 또는 온도 운영 기능'은 위의 체계에 구체적으로 한정되지 않음				

국내에서도 계통 운영의 안정성을 지원하고 신재생 에너지 관리를 효율적으로 통합하기 위한 다양한 연구가 진행되고 있으며 신재생 분산전원 시스템의 계통 연계를 위한 기준의 개정이 논의되고 있다.

스마트 인버터의 주요 기능은 [표 1.2]와 같다. 연계점(Point of common coupling, PCC) 전압 또는 주파수를 기준으로 구현되며 유효 및

무효전력 출력 제어를 통해 계통 안정화에 기여한다.

[표 1.2] 스마트 인버터의 대표적인 기능

기 능
전압-무효전력 제어 기능(Volt-VAR)
고정 역률 제어 기능(Fixed PF)
전압-유효전력 제어 기능(Volt-Watt)
유효 및 무효전력량 지령치 제어 기능(Set Point)
주파수-유효전력 제어 기능(Frequency-Watt)
저/과전압 Ride-Through 기능(L/HVRT)
저/고주파수 Ride-Through 기능(L/HFRT)

1.4 스마트 인버터의 국내외 연구개발 동향 및 적용 사례

스마트 인버터의 적용 사례는 미국에서 쉽게 찾아볼 수 있다. 캘리포니아주 에너지위원회(California Energy Conversion, CEC)는 "주택 태양광 의무 설치법"을 통해 신축 주택에 태양광 발전 설비를 의무화하였다. 이에 따라, 2020년부터 신축 주택과 저층 아파트 등에 태양광 발전 설비가 의무적으로 설치되어 에너지 자급률이 증가하였다. 하지만 태양광 설비 발전의 증가로 인해 신재생 분산발전 시스템 출력 변화가 계통에 미치는 영향이 커지게 되었다. 이로 인한 계통 불안정성에 대한 문제를 해결하기 위해 10kW 미만의 태양광 발전 시스템을 계통에 연계할 경우 스마트 인버터를 설치해야만 한다.

국내의 경우 상주 태양광 발전소는 축구장의 10배 크기로 약 1만 9,000평의 면적이다. 상주의 오태 저수지와 지평 저수지에 각각 약 3MW씩 총 6MW 규모의 태양광 발전소가 설치되어 있다. 상주 수상 태양광 발전소에 설치된 인버터는 계통 연계 국제 표준인 IEEE-1547을 기준으로 설계된 SMA 社의 Sunny Central 990CP-KR 인버터로 [그림 1.2]와 같다. Sunny Central 990CP-KR 인버터는 계통 상태 모니터링을 통해 출력 제어가 가능하며 동작 온도 범위는 40℃~62℃이다. 또한 인버터의 입출력 사양은 최대 DC 입력 전압 1000V, 최대 DC 입력 전류 1400A, 최대 DC 전력 1010kW이며, 출력 AC 기준 정격 용량은 990kVA이다. 태양광 발전 패널과 스마트 인버터를 이용한 계통 연계 구성도는 [그림 1.3]과 같다.

[그림 1.2] SMA 社의 Sunny Central 990CP-KR 인버터[16]

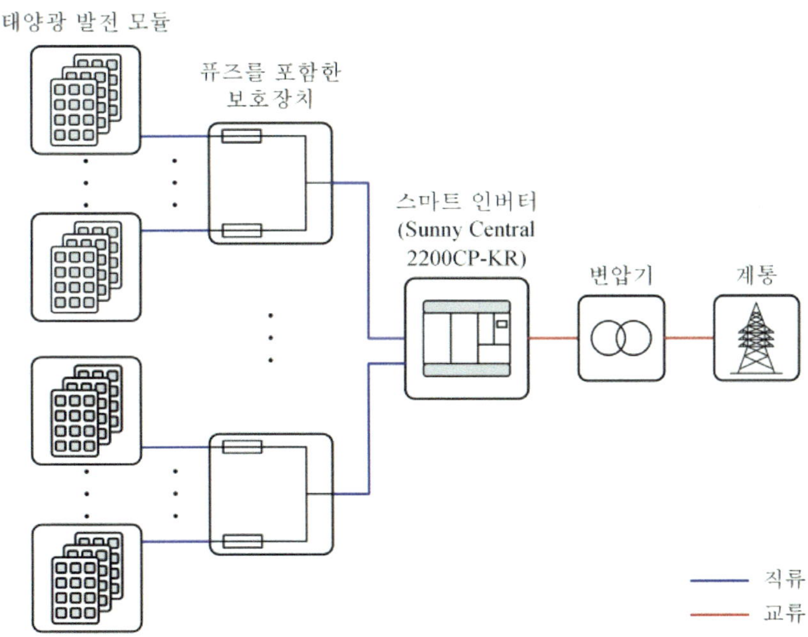

[그림 1.3] 스마트 인버터와 계통연계 구성도

1.5 참고문헌

[1] K.–B. Lee, *Advanced Power Electronics*, munundang, 2019, ISBN 979–11–5692–402–9.

[2] Y. Bak, J.–S. Lee, and K.–B. Lee, "Low–Voltage Ride–Through Control Strategy for a Grid–Connected Energy Storage System," *Appl. Sci.*, vol. 8, no. 1, pp. 1-18, Jan. 2018.

[3] S. Hashemi and J. Ostergaard, "Efficient Control of Energy Storage for Increasing the PV Hosting Capacity of LV Grids," *IEEE Trans. Smart Grid*, vol. 9, no. 3, pp. 2295-2303, May 2018.

[4] A. Zahedi, "How Expensive is Grid–connected Solar Photovoltaic in Marrakesh : An Economic Analysis," in *Proc. 2015 IEEE Int. Renew. Sustain. Energy Conf. IRSEC*, pp. 1-5, 2016.

[5] M. Karimi, H. Mokhlis, K. Naidu, S. Uddin, and A. H. A. Bakar, "Photovoltaic Penetration Issues and Impacts in Distribution Network-A Review," *Renew. Sustain. Energy Rev.*, vol. 53, no. , pp. 594-605, 2016.

[6] V. Calderaro, G. Conio, V. Galdi, G. Massa, and A. Piccolo, "Optimal Decentralized Voltage Control for Distribution Systems with Inverter–Based Distributed Generators," *IEEE Trans. Power Syst.*, vol. 29, no. 1, pp. 230-241, Jan. 2014.

[7] B. Seal, "Common Functions for Smart Inverters," 4th ed., EPRI Palo Alto, CA, USA, EPRI Report 3002008217, Dec. 2016.

[8] International Energy Agency (IEA). World Energy Outlook, 2020, ISBN 978–92–64–44923–7.

[9] Y.–S. Oh, "Analysis of Effect of Voltage Measurement Error on Distributed Power Output Control," *J. Korean Inst. Illum. Electr. Install. Eng.*, vol. 35, no. 4, pp. 29-35, Apr. 2021.

[10] P. Jahangiri and K. Aliprantis, "Distributed Volt/VAR Control by PV Inverters," *IEEE Trans. Power Syst.*, vol. 28, no. 3, pp. 3429-3439, Aug. 2013.

[11] S.-Y. Yun, P.-I. Hwang, S.-I. Moon, S.-C. Kwon, I.-K. Song, and J.-H.Choi, "Development and Field Test of Voltage VAR Optimization in the Korean Smart Distribution Management System," *Energies*, vol. 7, no. 2, pp. 643-669, Feb. 2014.

[12] Photovoltaics, Dispersed Generation, and Energy Storage, IEEE Standard For Interconnection and Interoperability of Distributed Energy Resources With Associated Electric Power Systems Interfaces, IEEE Standard IEEE 1547, 2018.

[13] 한전KDN, 분산형전원 종합운영시스템, https://www.kdn.com/menu.kdn?mid=a10203260000.

[14] SMA, Floating on two reservoirs in Sangju - 6 MW, https://www.sma.de/en/products/references/sangju-south-korea.html.

[15] 황치규, "LG CNS, 경북 상주에 대형 수상 태양광 발전소 구축", ZB Network Korea, https://zdnet.co.kr/view/?no=20151015102434.

[16] SMA, SUNNY CENTRAL 990CP-KR DATA SHEET FOR THE KOREAN MARKET, https://files.sma.de/downloads/SC990CP-KR-DEN1751-V23web.pdf.

[17] J. M. Lee, "Functions and Regulations of Smart Inverter for Distributed Resources," in *Proc. Korean Inst. Power Electron. Annu. Summer Conf.*, pp. 22-23, 2016.

[18] S.-H. Lee, J.-Y. Cha, and K.-B. Lee, "계통 안정화를 위한 스마트 인버터 및 제어 기능 소개," *Korean Inst. Power Electorn. Magazine*, vol. 26, no. 4, pp. 41-47, 2021.

Smart Inverter

CHAPTER 02

Fixed Power Factor 제어 기능

2.1 유효 및 무효전력과 역률의 관계
2.2 시뮬레이션
2.3 실험
2.4 참고문헌

Chapter 02 Fixed Power Factor 제어 기능

본 절에서는 스마트 인버터의 고정 역률 제어 기능을 기술한다. Fixed PF 제어 기능은 원하는 역률로 출력을 제어하기 위해 유효 및 무효전력의 크기를 조절하는 기능이다. 유효 및 무효전력과 역률의 관계를 설명하고 역률의 부호를 결정하는 관련 규정을 소개한다. 고정 역률 제어 기능의 효과와 타당성은 시뮬레이션 및 실험을 통해 보인다.

2.1 유효 및 무효전력과 역률의 관계

전력은 유효전력(P), 무효전력(Q), 피상전력(S)으로 구분되며 전력의 상관관계는 [그림 2.1]과 같다. 역률은 유효전력과 피상전력의 비로 나타내며 식 (2.1)과 같다. 역률을 이용한 유효전력과 무효전력은 식 (2.2)와 같다.

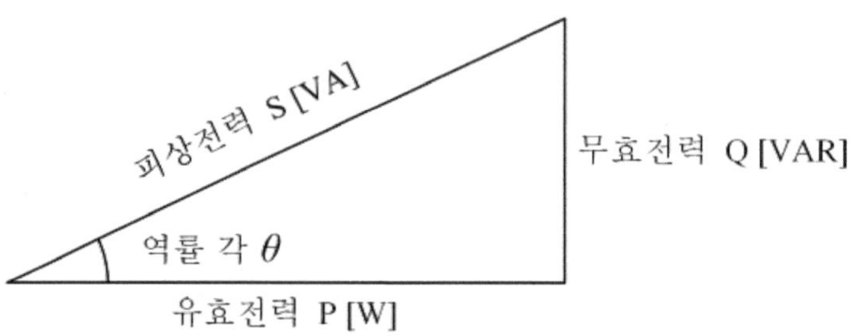

[그림 2.1] 전력의 관계

$$\cos\theta = \frac{P}{S} \tag{2.1}$$

$$P_a = \sqrt{P^2 + Q^2}\ [VA]\ (\because P = vi\cos\theta[W],\ Q = vi\sin\theta[VAR]) \tag{2.2}$$

식 (2.2)에서 v는 전압, i는 전류를 나타낸다. θ는 전압과 전류의 위상차를 나타낸다. 유효전력은 $vi\cos\theta$, 피상전력은 vi가 되고, 역률은 위에서 정의한 바와 같이 $\cos\theta$가 된다. 역률은 일반적으로 %로 표시되며, 전압과 전류의 위상이 동상일 때 $\cos\theta$는 1이 되어 유효전력이 최대가 된다. 교류 회로에서 전압과 전류 사이에 위상차가 존재할 때 [그림 2.2]와 같이 순시 전력의 값이 음인 구간이 나타난다.

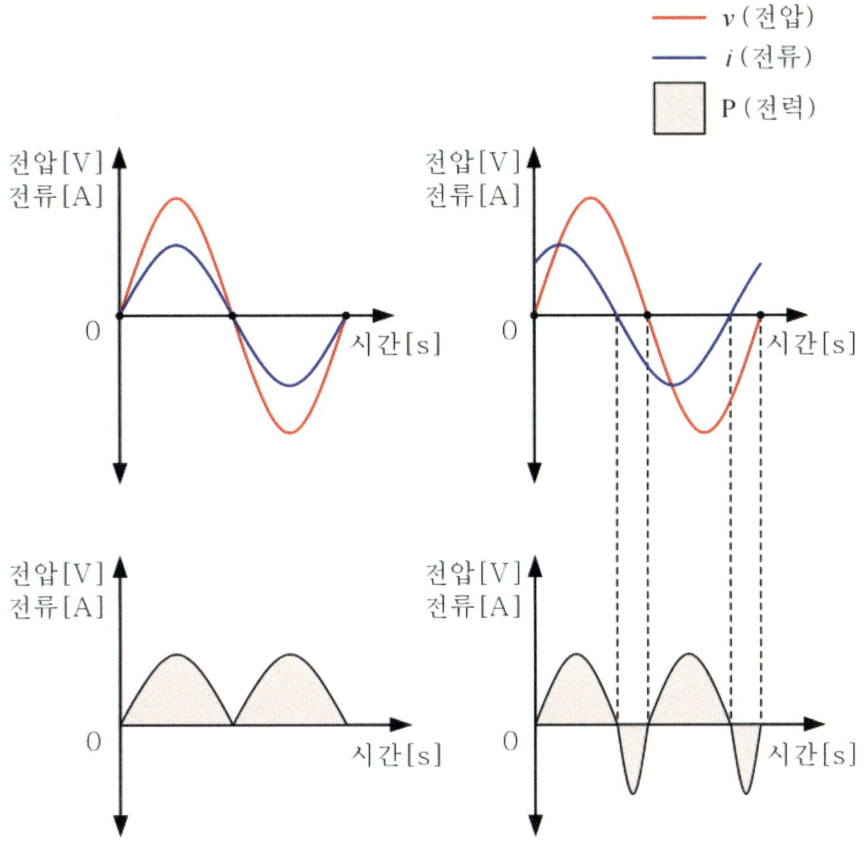

[그림 2.2] 위상차 유무에 따른 전력

동일한 소비전력(2,200W)의 부하인 경우, 역률이 감소하면 소비 전류가 증가한다. 이러한 전류 증가는 전력용 케이블의 열화를 발생시키고 부하 설비의 고장을 유발할 수 있다. 따라서 교류 회로의 역률은 시스템 효율과 보호를 위해 중요한 요소이다.

$$역률이\ 100\%인\ 경우,\ I = \frac{2200}{220 \times 1} = 10[\mathrm{A}]$$

$$역률이\ 70\%인\ 경우,\ I = \frac{2200}{220 \times 0.7} = 14.285[\mathrm{A}]$$

부하 전류의 특성에 따라 역률은 [그림 2.3]과 같이 동상, 지상(Lagging), 진상(Leading) 역률로 구분할 수 있다. 지상 역률이란 계통 전압에 비해 전류의 위상이 뒤진 상태이다. 전동기와 같이 인덕턴스 값이 큰 유도성 부하를 사용하는 경우, 전압의 위상보다 뒤진 전류가 발생하여 계통은 부하에 무효전력을 공급하게 된다. 진상 역률이란 전압에 비해 전류의 위상이 앞서는 상태이다. 이는 용량성 부하가 계통에 접속되는 경우에 발생하며 추가적인 무효전력을 요구한다. 계통에서 발생하는 무효전력의 크기는 발전 및 송배전 시스템 설계에도 영향을 주기 때문에 지나친 역률 저하가 발생하지 않도록 상황에 따른 역률 제어가 가능한 스마트 인버터의 기능이 필요하다.

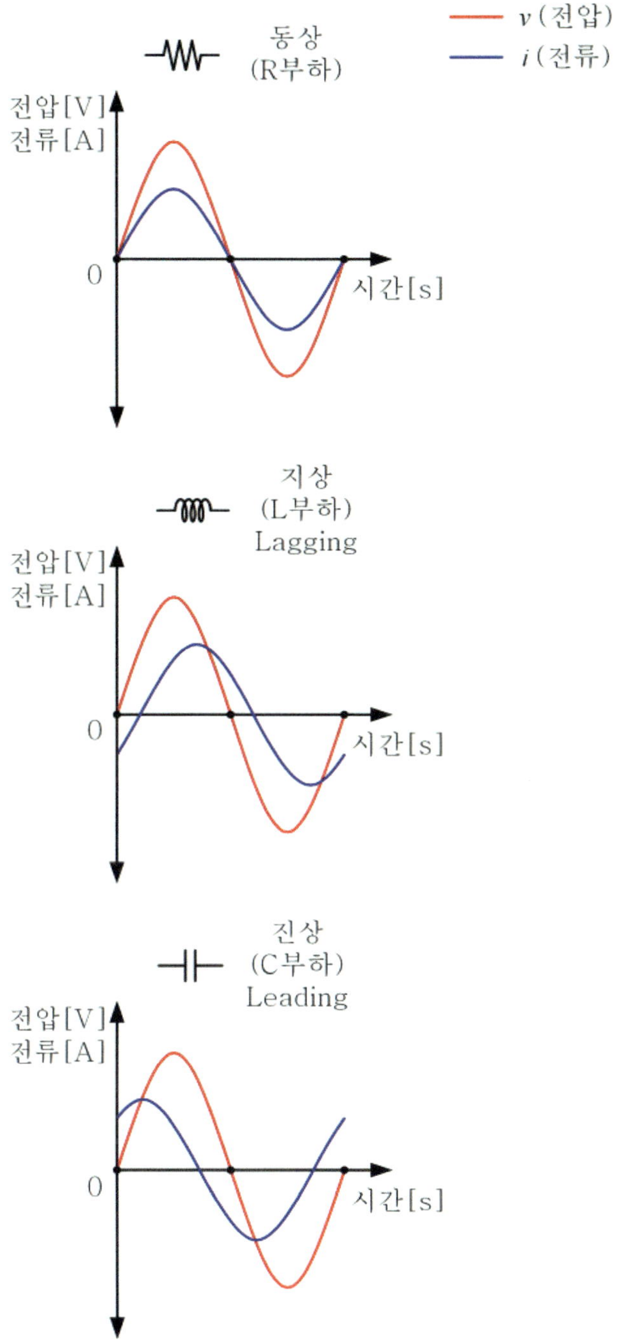

[그림 2.3] 부하 종류에 따른 역률의 종류

역률은 발전소와 수용가의 입장에서 에너지 효율과 관련이 있다. 에너지 사용량이 큰 산업현장에서는 역률을 개선하기 위한 역률 보상 시스템의 설치가 증가하고 있다. 발전 사업가 측에서 역률 개선은 송전 용량을 증가시키고 발전량을 절감시킨다. 수용가 측에서는 선로 손실을 감소시키고 부하 용량을 증대시킨다. 계통 공급자의 입장에서 부하는 일반적으로 인덕턴스를 포함하고 있어 지상 역률 상황이 자주 발생한다. 역률은 부하에 따라 특성이 다양하므로 이를 충분히 고려해야 한다. 대표적으로 지상 역률을 개선하는 방법은 전력용 콘덴서를 설치하는 것이다. 하지만 이는 유지보수 비용 및 콘덴서의 수명에 한계가 존재하여 전력변환장치의 제어 기법을 통해 역률을 개선하는 방법이 연구되고 있다. 대표적인 역률 관련 제어에는 'Fixed Power Factor'와 'Power Factor Schedule'이 있으며 본 절은 Fixed Power Factor 제어 기능에 대해서 설명한다.

IEC와 IEEE에서 유효 및 무효전력의 부호에 따라 정의한 역률은 아래 [그림 2.4]와 같이 사분면(Quadrant)에 따라 다르게 표기된다. IEC 61850은 역률의 값을 -1.00 에서 1.00 사이의 부호가 있는 값으로 정의했다. IEC 61850에서 역률의 부호는 아래 규칙을 따른다.

- IEC는 역률의 부호를 유효전력 부호에 따라 결정한다.
- IEEE는 역률의 부호를 진상 및 지상 역률에 따라 결정한다.
  (진상인 경우 : 양의 부호, 지상인 경우 : 음의 부호)

스마트 인버터에서 Fixed PF 제어 기능 설정과 관련된 항목은 아래와 같다.

- 역률 설정(Set Power Factor)은 크게 계통으로 공급하는 경우와 계통으로부터 공급을 받아 에너지 저장 장치에 충전하는 경우로 나눌 수 있다.
- 시간 창(Time Windows)은 새로운 역률 설정을 적용하기 전에 DER이 지연되는 시간(초)의 설정 값이다.
- 복귀 초과 시간(Reversion Timeout)은 DER이 설정한 역률로 운전이 불가능한 경우, 기본 역률 설정으로 돌아가는 지연 시간이다. 이 값이 0일 때, 스마트 인버터는 대기 시간 없이 기본 역률로 운전된다.
- 램프 시간(Ramp Time)의 기준시간은 초[s]이며, 4개의 설정으로 구성된다. 이 설정은 새로운 지령 역률을 선형적으로 적용하는데 사용된다.

a. 출력 증가 : DER이 출력을 증가시킬 경우, 새로운 역률 한계를 선형적으로 적용하는 시간

b. 출력 감소 : DER이 출력을 감소시킬 경우, 새로운 역률 한계를 선형적으로 적용하는 시간

c. 입력 증가 : DER이 입력을 증가시킬 때, 새로운 역률 한계를 선형적으로 적용하는 시간 (에너지 저장 장치만 적용 가능)

d. 입력 감소 : DER이 입력을 감소시킬 때, 새로운 역률 한계를 선형적으로 적용하는 시간 (에너지 저장 장치만 적용 가능)

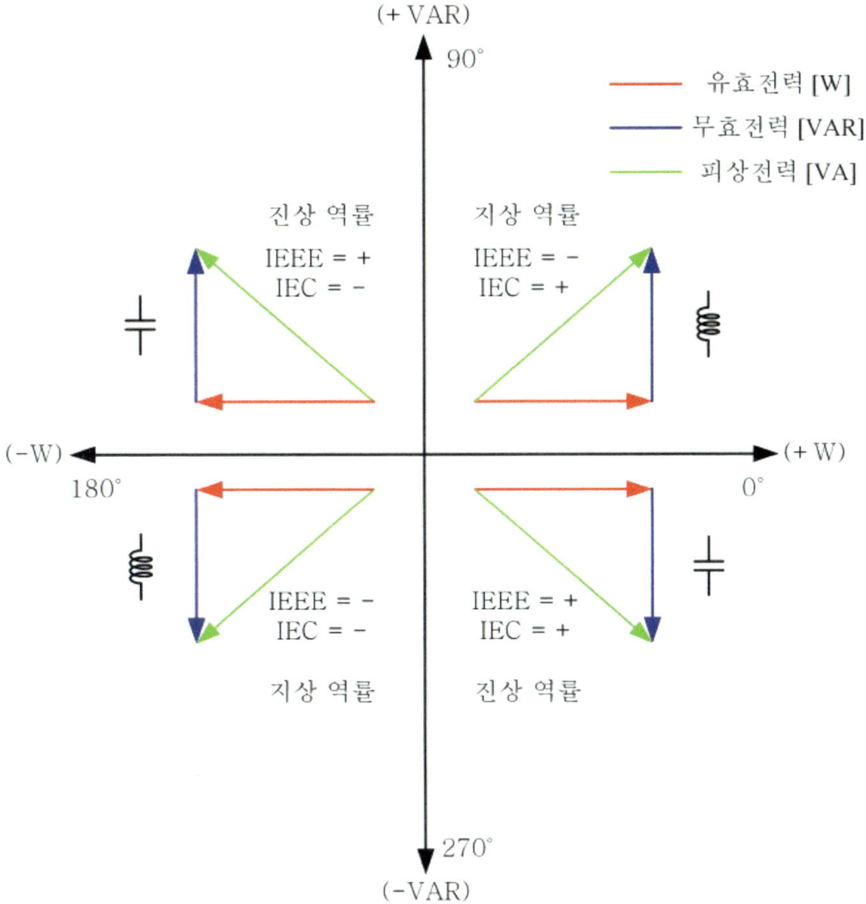

[그림 2.4] 인증 기관에 따른 역률 부호의 규정

2.2 시뮬레이션

[그림 2.5]와 [표 2.1]은 각각 Fixed PF 제어 기능을 모의하기 위해 사용된 PSIM 시뮬레이션 회로도와 파라미터를 나타낸다. 지령 유효전력(P_{ref})에 따른 두가지 경우(정격전력의 50%, 100%)에 대하여 역률 제어를 수행하며 역률의 표기는 IEC 규정을 따른다. 시뮬레이션은 유효전력이 양수인 조건(분산발전을 이용하는 시설에서 발전된 전력을 계통으로 공급하는 상황)을 가정하였다. [그림 2.6]은 Fixed PF 제어 기능을 모의한 시뮬레이션 코드를 나타낸다. 1사분면과 4사분면 운전을 수행하며 조건문(switch)을 통해 각 사분면의 동작을 구분하였다. 피상전력의 제한(Slimit)은 지령 유효전력을 지령 역률로 나누어 계산하였다.

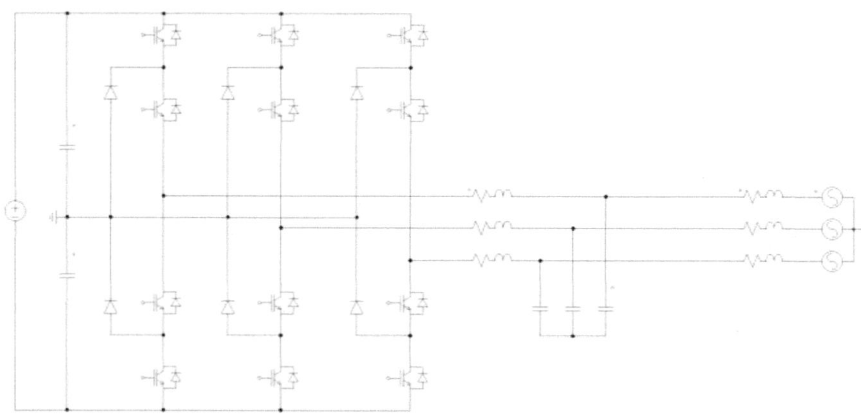

[그림 2.5] 시뮬레이션 회로도

[표 2.1] 시뮬레이션 파라미터

파라미터	값
정격전력	10kW
계통 선간 전압	$380V_{rms}$
계통 공칭 주파수	60Hz
스위칭 주파수	10kHz
지령 역률	0.9, 1

```
void Fixed_PF() {
    Pref = Pset;
    Slimit = Pref / PFref;

    switch (Quadrant) {
        case 1:{
            if (PFref == 1.) {
                Pref = Pref;
                Qref = 0.;}
            else if (PFref < 1. && PFref >= 0.9) {
                if (Pset > 90.) {
                    Pref = 90.;
                    Qref = sqrt(100 * 100 - Pref * Pref);}
                else
                    Pref = Pref;
                    Qref = sqrt(Slimit* Slimit- Pref * Pref);}}
        break;

        case 4:{
            if (PFref == 1.) {
                Pref = Pref;
                Qref = 0.;}
            else if (PFref < 1. && PFref >= 0.9) {
                if (Pset > 90.) {
                    Pref = 90.;
                    Qref = -sqrt(100 * 100 - Pref * Pref);}
                else
                    Pref = Pref;
                    Qref = -sqrt(Slimit * Slimit - Pref * Pref);}}
        break;}}
```

[그림 2.6] Fixed PF 제어 기능을 모의한 시뮬레이션 코드

[그림 2.7]은 (+)인 구간에서 유효전력과 무효전력이 변동하는 상황에서의 시뮬레이션 결과를 나타낸다. [그림 2.7(a)]는 지령 유효전력이 정격전력의 50%일 때이며, 유효 및 무효전력은 양의 부호를 갖는다. 첫 번째 파형은 Fixed PF 기능을 확인하기 위해 0.5초에 1에서 0.9로 변경한 역률의 지령값과 계산된 역률값을 나타낸다. 두 번째 파형에서 볼 수 있듯이 지령 역률로 운전하기 위해 스마트 인버터의 지령 무효전력이 양의 값으로 증가하고 0.8초 이후에 지령 역률이 다시 1로 변경됨에 따라 무효전력은 0으로 감소한다. 세 번째 파형에서 보면 시스템의 안정성을 위해 전류 제어기의 지령이 기울기를 가지고 증가하며 0.8초가 되어서 지령 무효전력이 0이 됨에 따라 기울기를 가지고 전류도 감소한다. 네 번째 파형은 3상 전류를 나타내

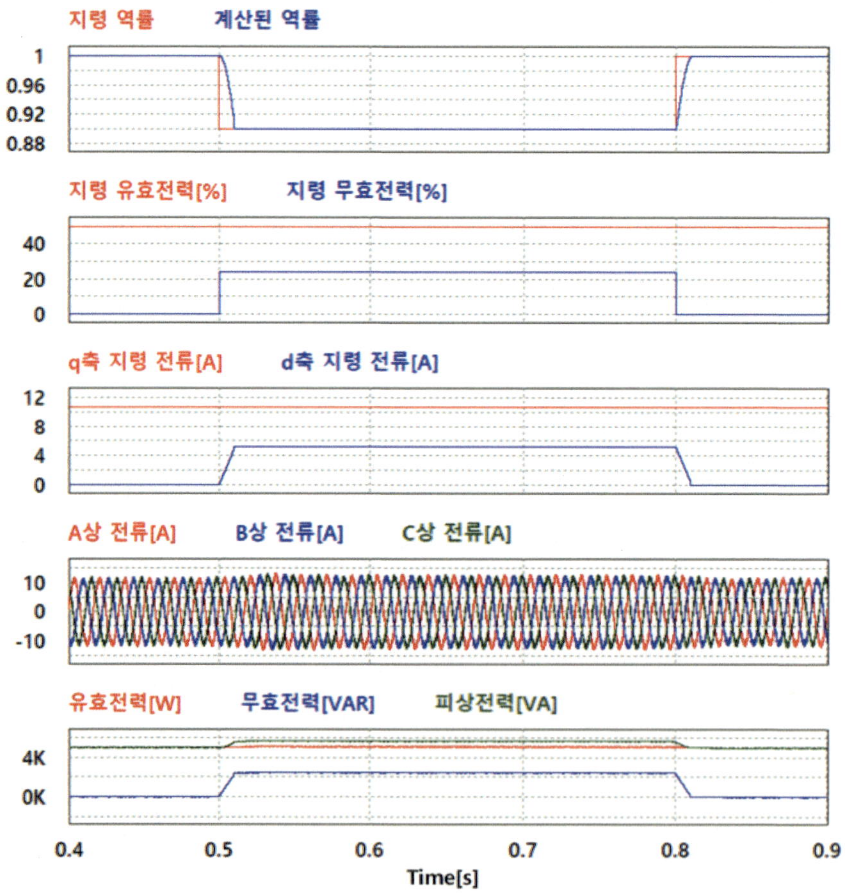

(a) 지령 유효전력이 정격전력의 50%인 경우

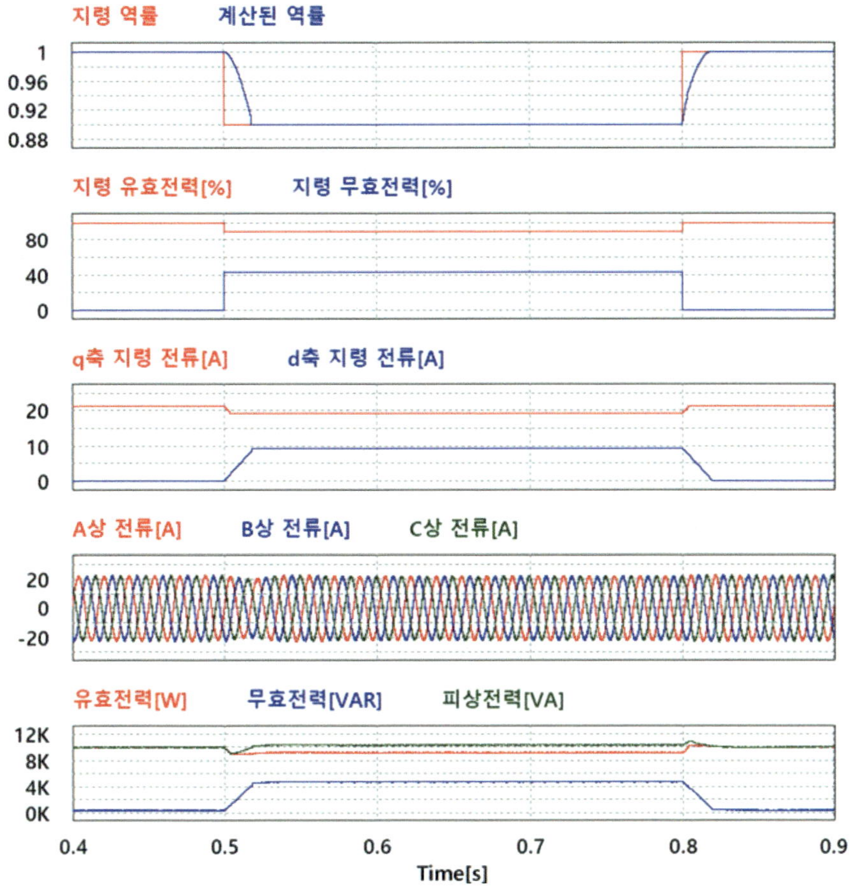

(b) 지령 유효전력이 정격전력의 100%인 경우

[그림 2.7] Fixed-PF 제어 기능 시뮬레이션 결과(1사분면)

며, 무효전력의 증가로 인해 출력 전류의 크기가 증가한다. 맨 아래의 파형에서 보면 지령 역률로 운전하기 위해 스마트 인버터의 지령 무효전력이 양의 값으로 증가하고, 지령 유효전력이 정격전력의 50%이므로 피상전력의 제한값에 걸리지 않아 피상전력이 증가한다.

[그림 2.7(b)]는 지령 유효전력이 정격전력의 100%인 경우 지령 역률이 1에서 0.9로 변경되었을 때의 시뮬레이션 결과를 나타낸다. 0.5초 이전 구간의 지령 유효전력은 100%이며 인버터는 단위 역률로 운전을 수행한다. 0.5초에서 지령 역률을 0.9로 변경하면 무효전력을 출력한다. 하지만 인버터가 출력할 수 있는 최대 피상전력의 한계로 인해 유효전력을 100%로 유

지하면 추가적인 무효전력은 출력할 수 없다. 따라서 두 번째 파형에서 보듯이 피상전력의 제한값으로 인해 지령 역률로 운전을 하기 위한 지령 무효전력의 최대값을 계산하면 43.5%가 되고 이를 출력한다. 다섯 번째 파형에서 볼 수 있듯이 지령 역률의 운전을 위해 지령 유효전력을 지령 역률과 곱하여 90%로 감소시키며 피상전력은 순간 감소하는 추세를 보이지만 일정 시간 이후에는 정격전력인 10kVA를 유지한다. 0.8초 이후, 지령 역률이 0.9에서 1로 복귀하면 지령 유효전력 및 무효전력은 원래 상태로 복귀한다.

[그림 2.8]은 유효전력은 (+)이고 무효전력이 (−)인 경우의 시뮬레이션 결과를 나타낸다. [그림 2.8(a)]는 유효전력의 출력이 정격전력의 50%이고 지령 역률이 1에서 0.9로 가변되었을 때의 시뮬레이션 결과이다. 지령 유효전력을 50%로 유지하고, 지령 무효전력을 계산한다. 음의 값을 갖는 무효전력에 따라 무효전류 성분인 d축 지령 전류도 음의 방향으로 증가한다. 무효전력의 출력으로 인해 계통 3상 전류는 증가한다. 지령 역률로 운전하기 위해 증가된 음의 무효전력은 피상전력의 제한값에 영향을 받지 않으며 피상전력은 추가된 무효전력만큼 증가한다.

[그림 2.8(b)]는 지령 유효전력의 출력이 정격전력의 100%인 조건에서 지령 역률이 1에서 0.9로 변화하는 경우의 시뮬레이션 결과를 나타낸다. 눈여겨 봐야할 것은 피상전력이 제한값에 걸려 10kVA를 초과하지 못하여 지령 유효전력이 감소하는 것이다. 0.5초 이전에 지령 유효전력은 100%이며 인버터는 단위 역률로 운전된다. 0.5초 이후 지령 역률을 0.9로 가변하여 무효전력을 추가로 출력해야 하지만 지령 유효전력이 정격전력의 100%이므로 지령 유효전력의 크기가 재산정된다. 지령 유효전력이 지령 역률에 의해 제한된 값으로 감소하면 지령 무효전력은 -43.5%가 된다. 피상전력에 과도상태가 존재하지만 일정 시간 이후에는 정격전력인 10kVA를 유지한다. 0.8초 이후, 지령 역률이 0.9에서 1로 복귀하면 지령 유효전력은 100%가 되며 무효전력은 0%로 감소한다.

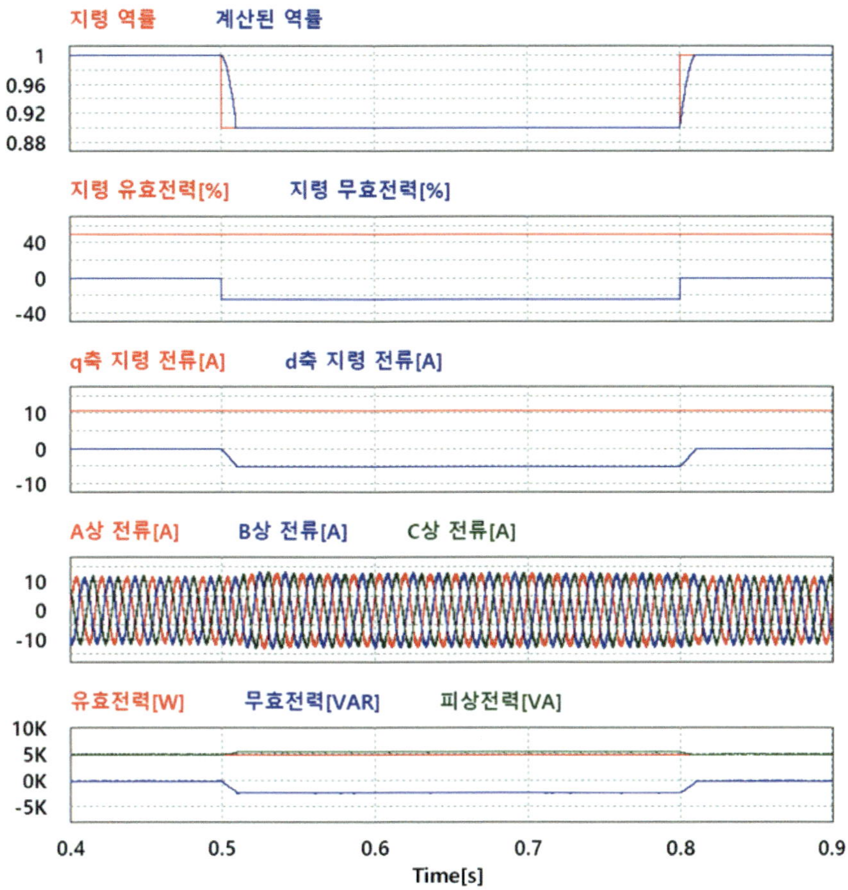

(a) 지령 유효전력이 정격전력의 50%인 경우

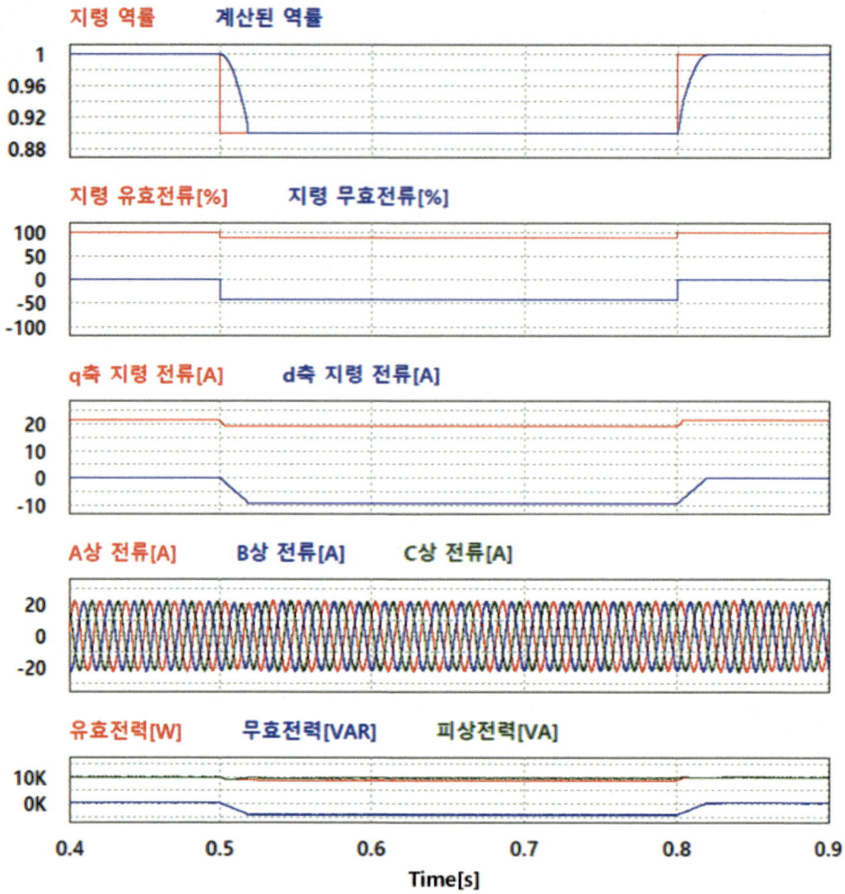

(b) 지령 유효전력이 정격전력의 100%인 경우

[그림 2.8] Fixed-PF 제어 기능 시뮬레이션 결과(4사분면)

2.3 실험

실험을 통해 스마트 인버터의 제어 기능을 확인한다. [그림 1.3]에서 계통과 태양광 발전 모듈은 계통 시뮬레이터와 DC 공급기를 이용해 모의한다. [그림 2.9]는 계통 시뮬레이터를 나타내며 해당 장비는 Ametek社의 MX-30으로 양방향 전력 전달이 가능하고 정격 피상전력은 30kVA이다. 확대된 그림은 계통 시뮬레이터의 제어 판넬이며 실시간으로 계통의 전압 및 주파수 변동이 가능하다. 이를 통해 스마트 인버터의 제어 기능을 검증하기 위한 계통 상황을 모의한다.

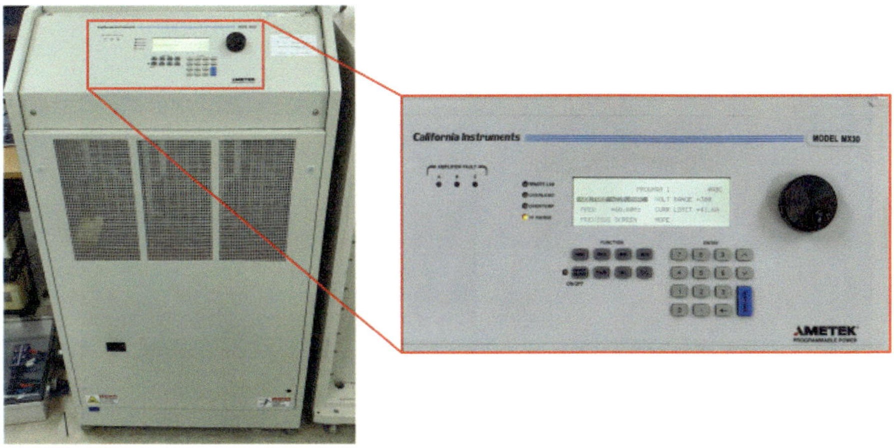

[그림 2.9] 계통 시뮬레이터

[그림 2.10]은 태양광 발전 모듈을 모의하는 DC 공급기를 나타낸다. 해당 장비는 REGATRON사의 TC.GSS.20.600.4WR.S로 DC 출력 사양은 최대 20kW / 600V / 40A이다. 확대된 그림은 DC 공급기의 제어 판넬이며 전류와 전력을 제한하고 출력 전압을 설정한다. 이를 통해 분산전원의 출력을 모의하고, 이를 스마트 인버터의 입력원으로 사용한다.

[그림 2.10] DC 공급기

[그림 2.11]은 스마트 인버터의 제어 기능의 검증을 위한 실험 환경을 나타낸다. 15kW급 스마트 인버터, 계통 시뮬레이터, DC 공급기, 오실로스코프로 구성된다. DC 공급기의 출력은 스마트 인버터의 입력으로 사용되며, 스마트 인버터의 출력은 양방향 전력 전달이 가능한 계통 시뮬레이터를 통해 실제 계통으로 공급된다. 오실스코프를 통해 스마트 인버터의 각종 변수들을 확인한다.

[그림 2.11] 스마트 인버터의 제어 기능 검증을 위한 실험 환경

Fixed PF 제어 기능을 검증하기 위해 유효전력이 계통으로 공급되는 1사분면과 4사분면에 대하여 실험을 수행한다. 역률은 A상 전압(V_A)과 전류(I_A)의 위상의 차이를 통해 확인한다. [그림 2.12]는 1사분면에서의 Fixed PF 제어 기능의 실험 결과를 나타낸다. [그림 2.7(a)]의 시뮬레이션과 마찬가지로 지령 유효전력(P_{ref})은 정격전력의 50%이며, 지령 역률(PF_{ref})을 1에서 0.9로 가변한다. 지령 역률이 1인 경우, A상 전압과 전류의 위상은 동상이며 지령 역률이 0.9인 경우에는 양의 무효전력이 출력되어 전압을 기준으로 전류는 약 1.189ms만큼 지연된다. 역률($\cos\theta$)은 식 (2.3)과 같이 계산하며 무효전력 출력을 통해 지령 역률로 제어된다.

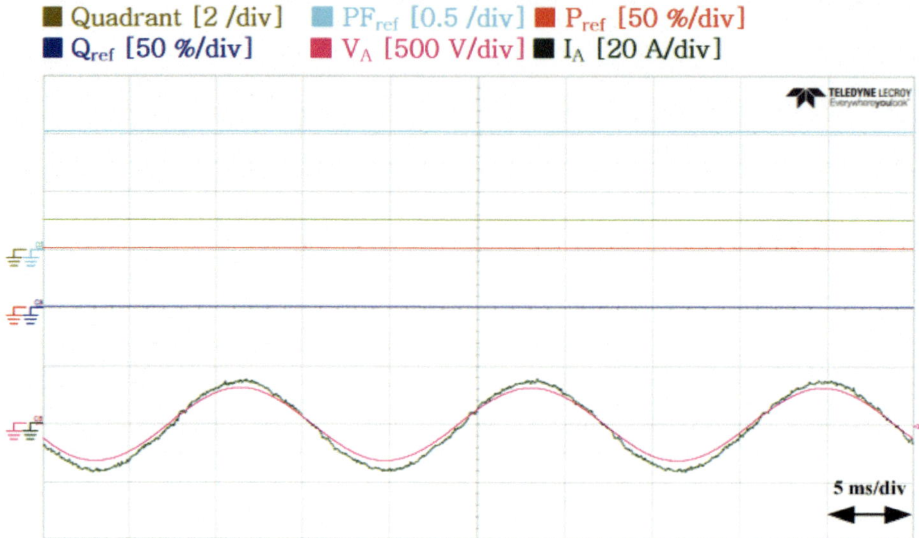

(a) 지령 역률(PF_{ref}) = 1

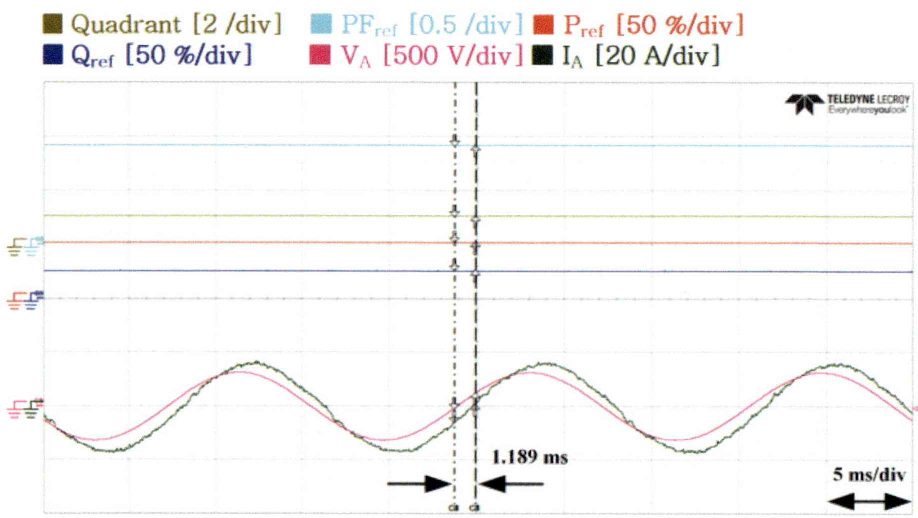

(b) 지령 역률(PF_{ref}) = 0.9

[그림 2.12] Fixed PF 제어 기능 실험 결과(1사분면)

$$\begin{aligned} &\frac{1}{60}\text{s} : 360^\circ = 1.189\text{ms} : \text{역률 각}(\theta) \\ &\theta = 25.692 \\ &\cos\theta = 0.901 \end{aligned} \qquad (2.3)$$

[그림 2.13]은 4사분면에서의 Fixed PF 제어 기능의 실험 결과를 나타낸다. 지령 유효전력(P_{ref})을 정격전력의 50%로 설정하며 지령 역률(PF_{ref})을 1에서 0.9로 가변된다. 지령 역률을 1에서 0.9로 가변하면 스마트 인버터는 음의 무효전력을 출력한다. 따라서 전압을 기준으로 전류가 약 1.188ms 만큼 앞선다. 식 (2.4)와 같이 역률($\cos\theta$)이 계산되며 무효전력의 출력을 통해 지령 역률로 제어된다.

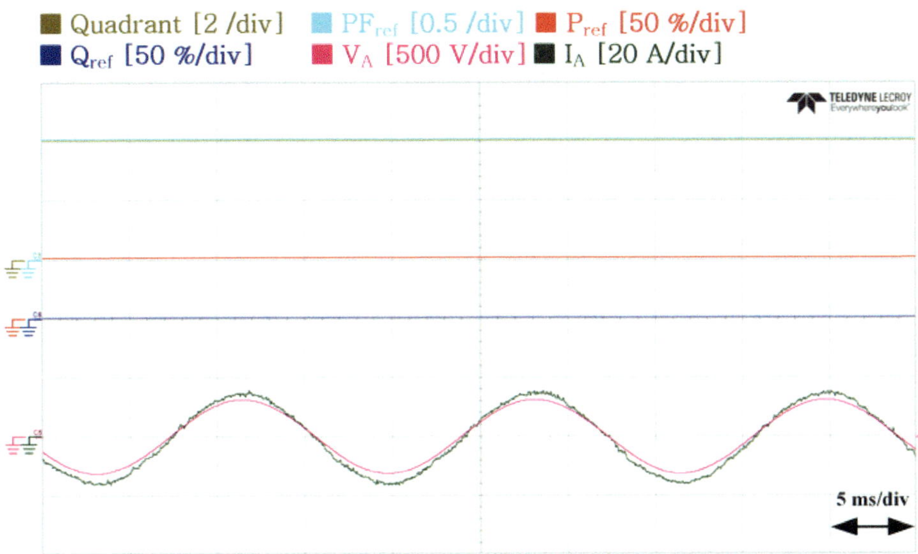

(a) 지령 역률(PF_{ref}) = 1

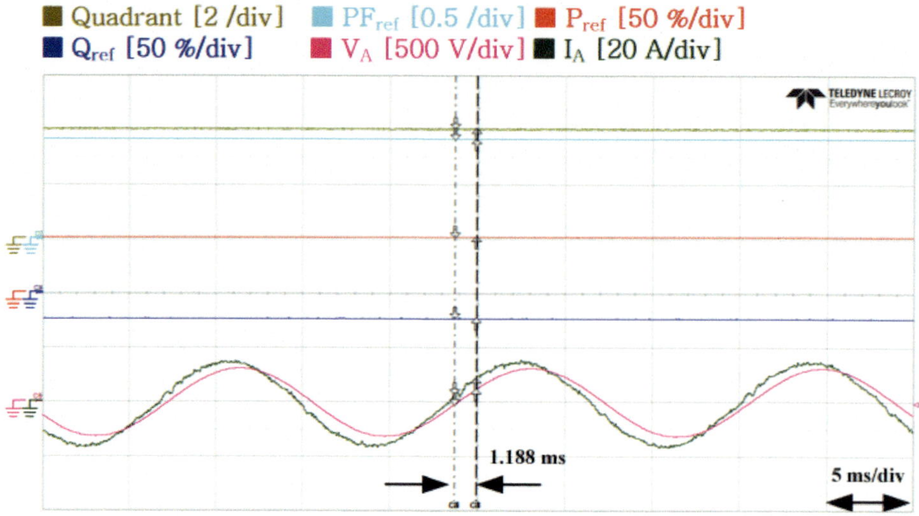

(b) 지령 역률(PF_{ref}) = 0.9

[그림 2.13] Fixed PF 제어 기능 실험 결과(4사분면)

$$\begin{aligned} &\frac{1}{60}\mathrm{s} : 360^\circ = 1.188\mathrm{ms} : \text{역률 각}(\theta) \\ &\theta = 25.671 \\ &\cos\theta = 0.901 \end{aligned} \tag{2.4}$$

2.4 참고문헌

[1] A. Spring, G. Wirth, G. Becker, R. Pardatscher, and R. Witzmann, "Grid Influences from Reactive Power Flow of Photovoltaic Inverters with a Power Factor Specification of One," *IEEE Trans. Smart Grid*, vol. 7, no. 3, pp. 1222-1229, May 2016.

[2] R. Tonkoski, L. A. C. Lopes, and T. H. M. EI-Fouly, "Coordinated Active Power Curtailment of Grid Connected PV Inverters for Overvoltage Prevention," *IEEE Trans. Sustain. Energy*, vol. 2, no. 2, pp. 139-147, Apr. 2011.

[3] J.-H. Lee, K.-W. Kim, J.-M. Cho, and J.-O. Kim, "Database Construction to Compute Representative Model of Load Power Factor in Large Scale Power System," in *Proc. Korean Inst. Power Electron. Annu. Autumn Conf.*, pp. 209-211, 2002.

[4] M. Emmanuel, R. Rayudu, and I. Welch, "Impacts of Power Factor Control Schemes in time Series Power Flow Analysis for Centralized PV Plant Using Wavelet Variability Model," *IEEE Trans. Ind. Inform.*, vol. 13, no. 6, pp. 3185-3194, Dec. 2017.

[5] B. Seal, "Common Functions for Smart Inverters," 4th ed., EPRI Palo Alto, CA, USA, EPRI Report 3002008217, Dec. 2016.

[6] C.-W. Park, H.-W. Lee, Y.-K. Park, and S.-H. Joung, "Power Factor Compensation System based on Voltage-controlled Method for 3-phase 4-wire Power System," *Journal of IEIE.*, vol. 54, no. 8, pp. 107-114, Aug. 2017.

[7] H.-W. Lee, Y.-K. Park, J.-H. Lee, S.-H. Joung and C.-W. Park, "Development of advanced Power Factor Computation Algorithm in Harmonics distorted Distribution System," *Journal of IEIE.*, vol. 53, no. 7, pp. 121-127, Jul. 2016.

[8] K.-B. Lee, *전력전자시스템 제어를 위한 DSP TMS320F28335 기술*, munundang, 2017, ISBN 979-11-5692-311-4.

Smart Inverter

CHAPTER 03

Volt-VAR 제어 기능

Chapter

03 Volt-VAR 제어 기능

본 절에서는 스마트 인버터의 대표적인 기능인 Volt-VAR 제어 기능을 소개한다. Volt-VAR 제어 기능은 연계점 전압(Vpcc)에 따라 계통에 지상 또는 진상의 무효전력을 공급한다. 계통 전압과 무효전력의 관계 및 Volt-VAR 제어 기능 곡선을 소개하고 시뮬레이션 및 실험을 통해 Volt-VAR 제어 기능의 동작과 효과를 설명한다.

3.1 전압과 무효전력의 관계

분산전원의 연계 용량 증대에 따른 연계점 전압의 변동을 억제하기 위해서 기존의 선로전압 조정장치(Step Voltage Regulator, SVR), 또는 탭 변환장치(On-load Tap Changer, OLTC)를 이용할 수 있다. 하지만 이러한 방법은 전압 조정을 위한 추가 장비가 필요하므로 시스템의 구성 비용이 증가하는 단점이 있다. 그러나 분산전원의 계통 연계 시에 필수적으로 설치되는 인버터의 출력 제어 기능을 활용한 무효전력 공급 방법은 추가 설비가 필요하지 않아서 경제적이며 시스템의 구성이 복잡하지 않은 장점이 있다. 또한 스마트 인버터는 연계점의 전압뿐만 아니라 필요에 따라 무효전력의 공급량을 제어할 수 있어 안정적인 계통 운영에 기여할 수 있으며 무효전력의 출력 응답 시간이 빠른 장점이 있다.

3.1.1 전압 변동과 유효 및 무효전력의 관계

[그림 3.1]은 선로 임피던스를 고려한 계통 모델을 나타내며 이상적인 발전원을 이용하여 전력을 공급하는 경우 선로 임피던스($\dot{z}$)와 수용가 부하에 전달되는 유효 및 무효전력의 관계를 설명한다.

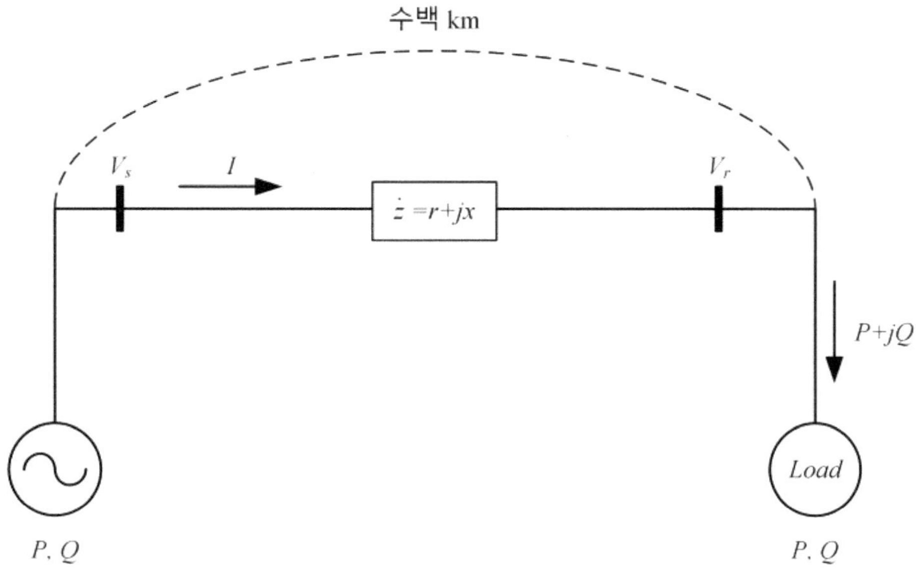

[그림 3.1] 선로 임피던스를 고려한 계통 모델

수전단 전압($\dot{V}_r$)은 식 (3.1)과 같이 나타낼 수 있으며, 전력은 식 (3.2)와 같이 표현할 수 있다. 여기서 r, x는 선로 저항과 선로 인덕턴스를 나타낸다.

$$V_r = \dot{V}_r e^{-j\theta} \tag{3.1}$$

$$\begin{aligned} \dot{W}_r = P + jQ = \dot{V}_r \dot{I}^* = \dot{V}_r \left\{ \frac{\dot{V}_s - \dot{V}_r}{r + jx} \right\}^* \\ = \frac{(V_r e^{-j\theta})(V_s - V_r e^{j\theta})}{r - jx} = \frac{V_s V_r e^{-j\theta} - V_r^2}{r - jx} \end{aligned} \tag{3.2}$$

식 (3.2)를 전압에 대해 정리하면 식 (3.3)과 같다. 식 (3.3)을 실수부와 허수부로 나누어 정리하면 식 (3.4)를 구할 수 있다.

$$(P + jQ)(r - jx) = V_s V_r e^{-j\theta} - V_r^2 \tag{3.3}$$

$$rP + xQ + V_r^2 = V_r V_s \cos\theta,\ rQ - xP = V_r V_s \sin\theta \tag{3.4}$$

식 (3.4)의 수전단 전압과 유효 및 무효전력의 관계를 나타내기 위해서 식 (3.4)를 각각 제곱하여 더하면 식 (3.5)와 같이 나타낼 수 있다.

$$(rP+xQ+V_r^2)^2+(rQ-xP)^2=V_r^2V_s^2 \tag{3.5}$$

유효전력의 변화량(ΔP)과 전압 변동량(ΔV_r)의 관계식을 구하기 위해 식 (3.5)를 유효전력에 대하여 편미분하면 식 (3.6)을 구할 수 있고 마찬가지로 무효전력의 변화량(ΔQ)과 전압 변동량(ΔV_r)의 관계식을 구하기 위해 무효전력에 대하여 편미분을 수행하면 식 (3.7)을 구할 수 있다.

$$\Delta V_r=\left(\frac{\partial V_r}{\partial P}\right)\Delta P=-\frac{Z^2P+rV_r^2}{V_r(2xQ+2rP+2V_r^2-V_s^2)}\Delta P \tag{3.6}$$

$$\Delta V_r=\left(\frac{\partial V_r}{\partial Q}\right)\Delta Q=-\frac{Z^2Q+xV_r^2}{V_r(2xQ+2rP+2V_r^2-V_s^2)}\Delta Q \tag{3.7}$$

식 (3.6)과 식 (3.7)은 음의 부호를 가지며 이는 유효 및 무효전력의 변화량과 전압 변동이 반비례 관계라는 것을 의미한다. 따라서 유효 및 무효전력의 크기 변화에 따라 연계점 전압의 변동을 억제할 수 있다. 연계점 전압과 유효 및 무효전력 변동에 관한 관계를 정확히 표현하기 위해 전력과 전압 변동의 비(ρ)를 나타내면 식 (3.8)과 같다.

$$\rho=\frac{Z^2P+rV_r^2}{Z^2Q+xV_r^2}=\frac{ZP+r\dfrac{V_r^2}{Z}}{ZQ+r\dfrac{V_r^2}{Z}}=\frac{ZP+rC}{ZQ+xC} \tag{3.8}$$

여기서 C는 전압 측정점(V_r)으로부터 전원 측을 바라본 단락용량(V_r^2/Z)이다. 일반적으로 C는 유효 및 무효전력보다 훨씬 크며($C\gg P$, $C\gg Q$), 송전선로의 임피던스 용량을 고려했을 때 인덕턴스 성분이 저항 성분보다 훨씬 크다($x\gg r$). 이 관계를 수식으로 정리하면 식 (3.9)와 같고, 식 (3.8)의 무효전력 변동에 의한 전압 변동과 유효전력 변동에 의한 전압 변동의 비인 ρ는 식 (3.10)과 같이 간략화할 수 있다.

$$x \gg r,\ Z \fallingdotseq x,\ xC \gg ZQ \tag{3.9}$$

$$\rho \fallingdotseq \frac{ZP + rC}{xC} = \frac{Z}{x}\frac{P}{C} + \frac{r}{x} \fallingdotseq \frac{P}{C} \tag{3.10}$$

단락용량(C)이 유효전력(P)보다 크기 때문에 전압 변동비(ρ)는 1보다 작다. 이것은 무효전력의 변화가 유효전력의 변화보다 연계점 전압의 크기에 미치는 영향력이 크다는 것을 의미한다. 따라서 연계점 전압을 일정한 값으로 유지하기 위해서는 무효전력을 변동시켜 연계점 전압의 변화를 억제시키는 것이 유효전력을 변동시키는 것보다 효과적이다. 그러므로 계통 전압의 안정화를 위해서는 유효전력보다 무효전력을 우선적으로 제어해야 한다.

3.1.2 무효전력 제어를 통한 연계점 전압 제어 원리

계통에 연계된 부하는 일반적으로 저항과 인덕턴스 성분을 포함한다. 선로 임피던스를 고려한 계통 모델은 [그림 3.2]와 같다.

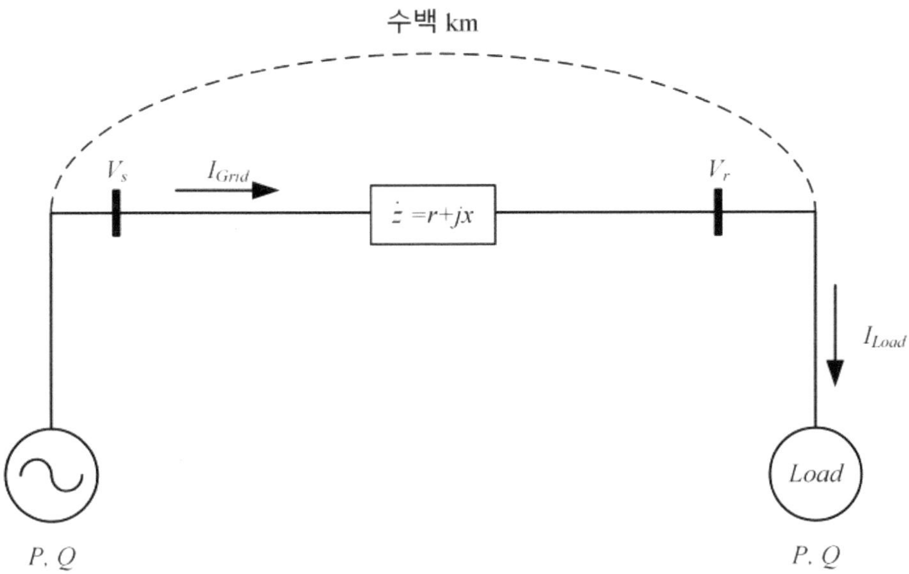

[그림 3.2] 부하 전류와 계통 전류를 고려한 계통 모델

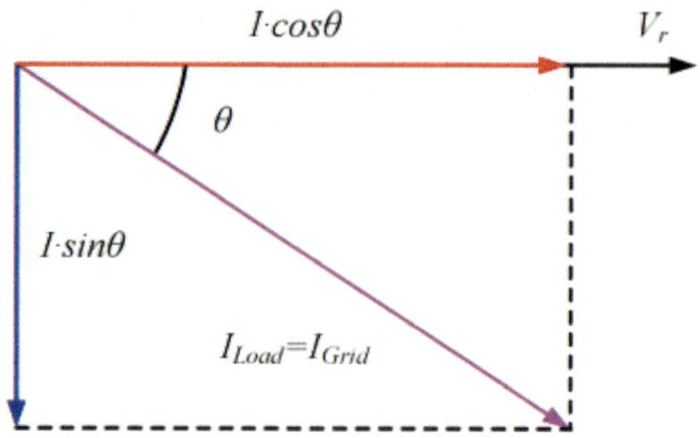

[그림 3.3] 부하 전류 및 계통 전류 벡터도

수전단 전압은 선로 임피던스로 인해 공급하는 전압보다 작으며, 부하 전류(I_{Load})는 계통 전류(I_{Grid})와 같다. 계통 전류는 유효전류($I\cos\theta$)와 무효전류($I\sin\theta$)로 구분할 수 있으며 [그림 3.3]과 같다.

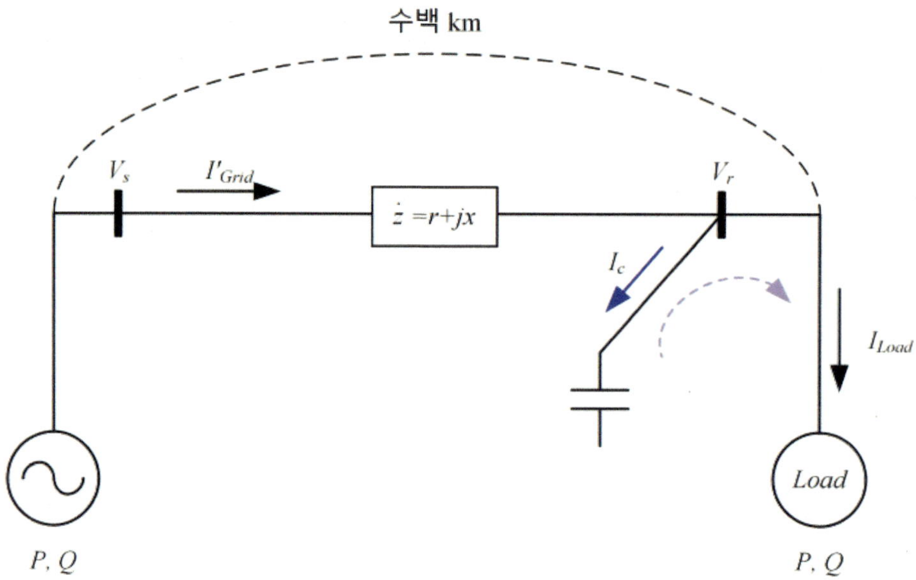

[그림 3.4] 용량성 콘덴서를 설치한 계통 모델

부하의 인덕턴스 성분으로 인한 역률 저하 및 전압 강하 현상을 개선하기 위해서는 용량성 콘덴서를 설치하는 방법이 있으며 [그림 3.4]와 같다. 계통 전류(I'_{Grid})는 용량성 콘덴서로 흐르는 전류(I_c)와 부하 전류(I_{Load})의 합으로 표현된다. 용량성 콘덴서에 흐르는 전류 성분과 같이 스마트 인버터에서 계통으로 진상 무효전류를 주입하면 계통 전류와 전압 강하 성분이 감소하여 수전단 전압이 상승한다. 진상 무효전류 주입 시 감소하는 계통 전류를 벡터도로 표현하면 [그림 3.5]와 같다.

수전단 전압 강하 및 역률 지연은 용량성 콘덴서 설치와 같은 무효전류 성분의 공급으로 개선된다. 용량성 콘덴서와 같은 조상 설비는 추가적인 기기 설치가 필요하며 유지 보수 비용이 증가한다. 하지만 스마트 인버터를 활용한 무효전력의 공급은 신재생 분산발전원의 계통 연계 시에 필수적으로 설치되는 전력변환장치의 계통 지원 기능을 활용하기 때문에 경제적이며 수전단 전압 변화에 따른 무효전력의 크기를 쉽게 변화시킬 수 있다. 따라서 스마트 인버터는 수전단의 전압 변동에 대해 무효전력의 공급 기능을 추가하여 안정적인 계통 운영에 기여할 수 있다.

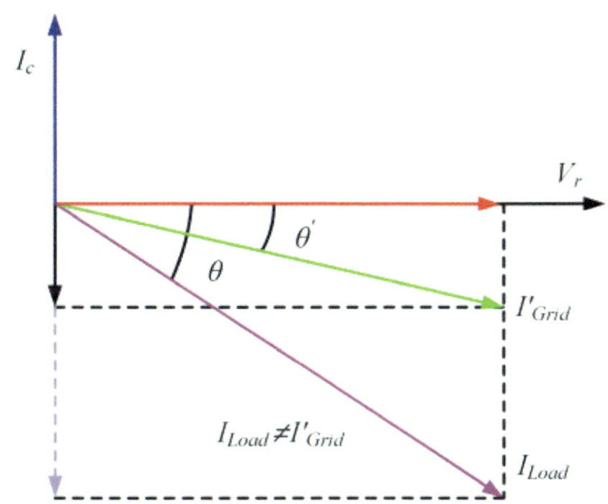

[그림 3.5] 진상 무효전류 주입 시 계통 전류 벡터도

3.2 Volt-VAR 제어 기능 곡선

Volt-VAR 제어 기능 곡선은 [그림 3.6]과 같고 식 (3.11)은 구간별 지령 무효전력(Q_{ref})을 나타낸다.

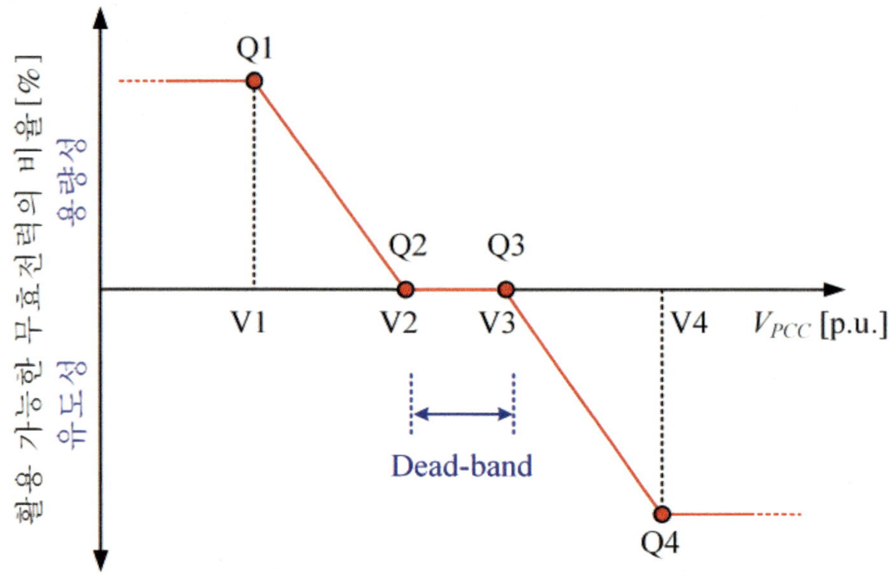

[그림 3.6] Volt-VAR 제어 기능 곡선

$$
Q_{ref} = \begin{cases} Q1, & (V < V1) \\ \dfrac{Q2 - Q1}{V2 - V1}(V - V2), & (V1 \le V < V2) \\ 0, & (V2 \le V < V3) \\ \dfrac{Q4 - Q3}{V4 - V3}(V - V3), & (V3 \le V < V4) \\ Q4, & (V4 \le V) \end{cases} \tag{3.11}
$$

스마트 인버터는 연계점 전압이 V1~V2 구간에 존재하는 경우, 용량성 무효전력을 출력하여 연계점 전압을 상승시킨다. 연계점 전압이 V3~V4 구간인 경우, 유도성 무효전력을 출력하여 연계점 전압을 하강시킨다. Volt-VAR 제어 기능 곡선의 구간 및 무효전력 출력량은 계통 특성에 따라 변경될 수 있다.

[그림 3.7]은 무효전력을 우선순위로 하는 Volt-VAR 제어 기능 곡선이다. 인버터에 정격 무효전력의 표기가 없는 경우, 무효전력은 피상전력보다 작거나 같게 출력해야 한다. 필요한 무효전력을 출력하기 위해 유효전력을 조절한다. 일사량과 관계없이 무효전력을 우선순위로 출력한다.

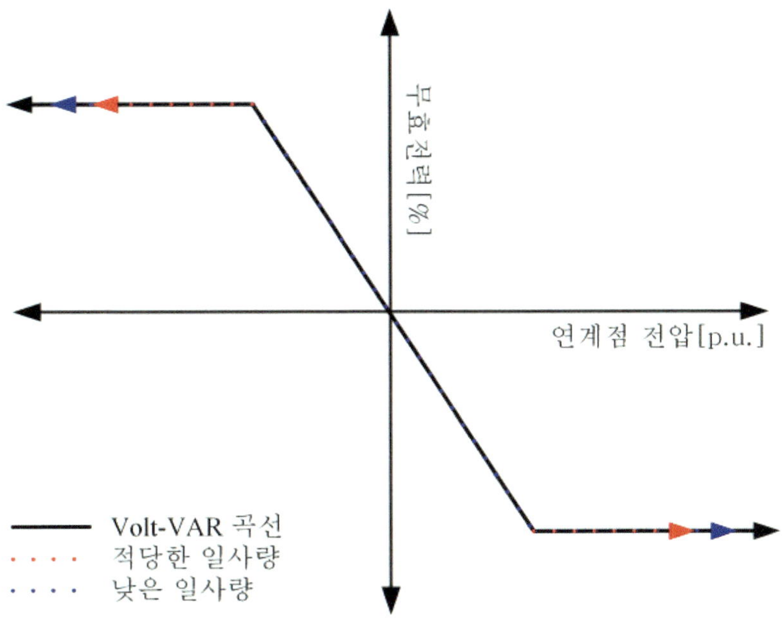

[그림 3.7] 무효전력을 우선순위로 제어하는
Volt-VAR 제어 기능 곡선

앞서 언급한 무효전력을 우선순위로 하는 Volt-VAR 제어 기능 곡선과는 달리 유효전력을 우선순위로 하고 최대의 무효전력을 출력하는 Volt-VAR 제어 기능 곡선은 [그림 3.8]과 같다. 지령 무효전력이 증가하여 피상전력의 제한값을 초과하면 유효전력을 감소시키지 않고 일사량에 따라 출력할 수 있는 무효전력의 최대값을 조절한다.

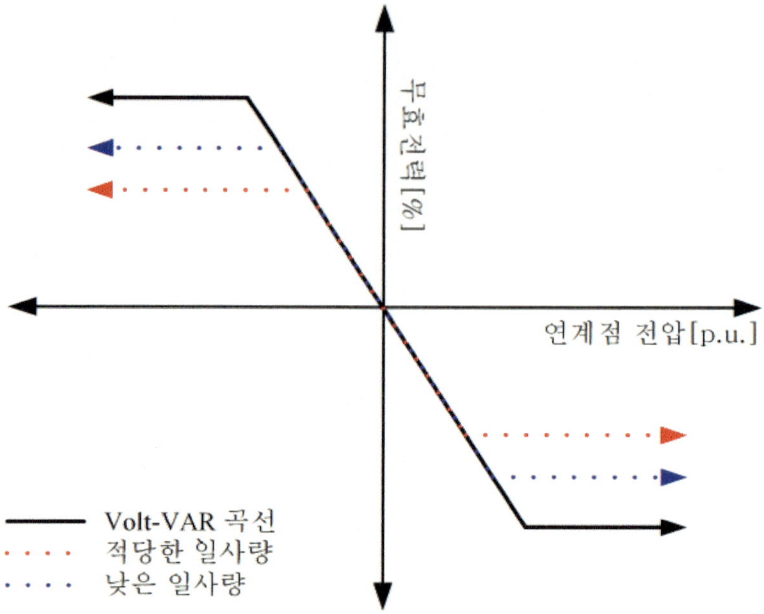

[그림 3.8] 유효전력을 우선순위로 하고 최대의 무효전력을 조절하는 Volt-VAR 제어 기능 곡선

[그림 3.9]는 유효전력을 우선순위로 하고 무효전력을 조절하는 Volt-VAR 제어 기능 곡선이다. [그림 3.8]에서 나타낸 무효전력의 최대 출력값만을 조절하는 Volt-VAR 제어 기능 곡선과는 다르게 스마트 인버터의 정격 피상전력과 지령 유효전력이 결정되면 모든 연계점 전압에서 출력 가능한 값으로 무효전력을 재산정한다.

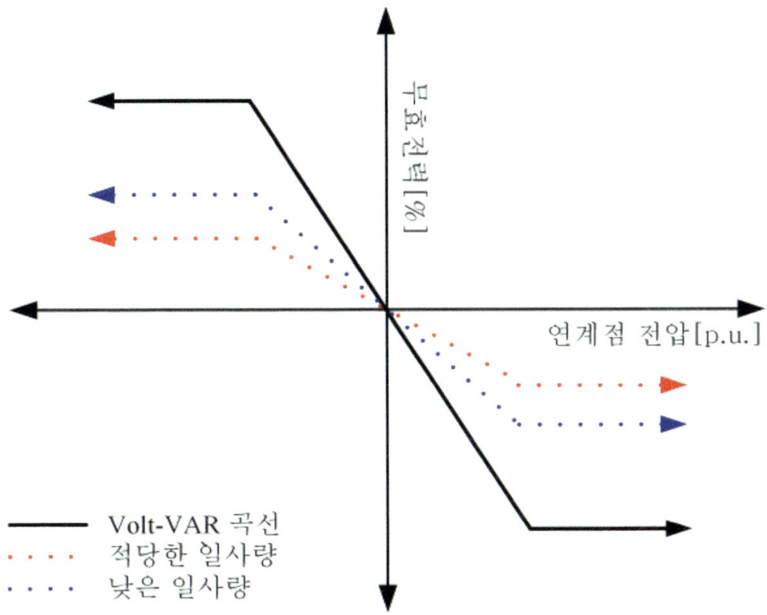

[그림 3.9] 유효전력을 우선순위로 하고 무효전력을 재산정하는 Volt-VAR 제어 기능 곡선

3.3 시뮬레이션

Volt-VAR 제어 기능의 시뮬레이션에 활용한 PSIM 회로도와 파라미터는 [그림 2.5]와 [표 3.1]과 같다. [그림 3.10]은 Volt-VAR 제어 기능을 모의한 시뮬레이션 코드를 나타낸다. 조건문(if)을 활용하여 Volt-VAR 제어 기능 곡선의 구간을 구분하며 Qref_cal은 Volt-VAR 제어 기능 곡선에 의해 계산되는 지령 무효전력을 나타낸다.

[표 3.1] 시뮬레이션 파라미터

파라미터	값
정격전력	10kW
계통 선간 전압	$380V_{rms}$
계통 공칭 주파수	60Hz
스위칭 주파수	10kHz
Volt-VAR 제어 기능 곡선	
V1/ V2/ V3/ V4	0.92/ 0.98/ 1.02/ 1.08
Q1/ Q2/ Q3/ Q4	48.4/ 0/ 0/ −48.4

```
void Volt_VAR_Function(void) {
  Pref = Pset;
  V1 = 92., V2 = 98., V3 = 102., V4 = 108.;
  Q1 = 48.4, Q2 = 0., Q3 = 0., Q4 = -48.4;

  if (Pset >= 20) {
    if (Vpcc < V1){
      if (Pref > 87.5){
        Qref = Q1;
        Pref = sqrt(10000 - Qref * Qref);}
      else {Qref = Q1;}}
```

```
    else if (Vpcc >= V1 && Vpcc < V2){
        Qref_cal = ((Q1 - Q2) / (V1 - V2)) * (Vpcc - V2);
            if (Pref > sqrt(10000 - Qref_cal * Qref_cal)){
                Qref = Qref_cal;
                Pref = sqrt(10000 - Qref * Qref);}
            else {Qref = Qref_cal;}}
    else if (Vpcc >= V2 && Vpcc < V3){ Qref = Q3; }
    else if (Vpcc >= V3 && Vpcc < V4){
        Qref_cal = ((Q3 - Q4) / (V3 - V4)) * (Vpcc - V3);
            if (Pref > sqrt(10000 - Qref_cal * Qref_cal)){
                Qref = Qref_cal;
                Pref = sqrt(10000 - Qref * Qref);}
            else {Qref = Qref_cal;}}
    else {
        if (Pref > 87.5){
            Qref = Q4;
            Pref = sqrt(10000 - Qref * Qref);}
        else {Qref = Q4;}}}
  else Qref = 0.;}
```

[그림 3.10] Volt-VAR 제어 기능을 모의한 시뮬레이션 코드

연계점 전압의 시간에 따른 변화는 Look Up Table (LUT)을 통해 모의한다. 시뮬레이션은 계통 전압의 상승 및 하강을 고려하여 수행하고 지령 유효전력이 정격전력의 50%와 100%인 경우로 구분한다.

[그림 3.11]은 저전압 상황에서의 Volt-VAR 제어 기능에 대한 시뮬레이션 결과를 나타낸다. [그림 3.11(a)]는 지령 유효전력을 정격전력의 50%로 설정했을 때의 3상 전류, 연계점 전압, 유효전력 및 무효전력을 나타낸다. 0.2초에서 연계점 전압이 1p.u.이면 유효전력의 출력이 5kW가 되고 무효전력은 0VAR가 출력된다. 두 번째 파형은 시간에 따라 변동하는 연계점 전압의 크기를 p.u. 단위로 나타낸 것이다. 연계점 전압이 0.98p.u.미만으로

감소하면 Volt-VAR 제어 기능 곡선에 따라 무효전력이 출력되며 맨 아래 파형에서 볼 수 있듯이 연계점 전압이 감소할수록 스마트 인버터에서 출력하는 무효전력의 크기가 증가한다.

[그림 3.11(b)]는 지령 유효전력을 정격전력의 100%로 설정하였을 때의 파형이다. 연계점 전압이 1p.u.일 때, 유효전력과 무효전력은 각각 10kW와 0VAR가 출력된다. 연계점 전압이 감소하면 지령 무효전력이 증가하고 피상전력의 제한으로 인하여 지령 유효전력이 감소한다. 이는 피상전력의 크기가 인버터의 정격을 초과하지 않도록 지령 유효전력 및 무효전력을 설정한 결과이다.

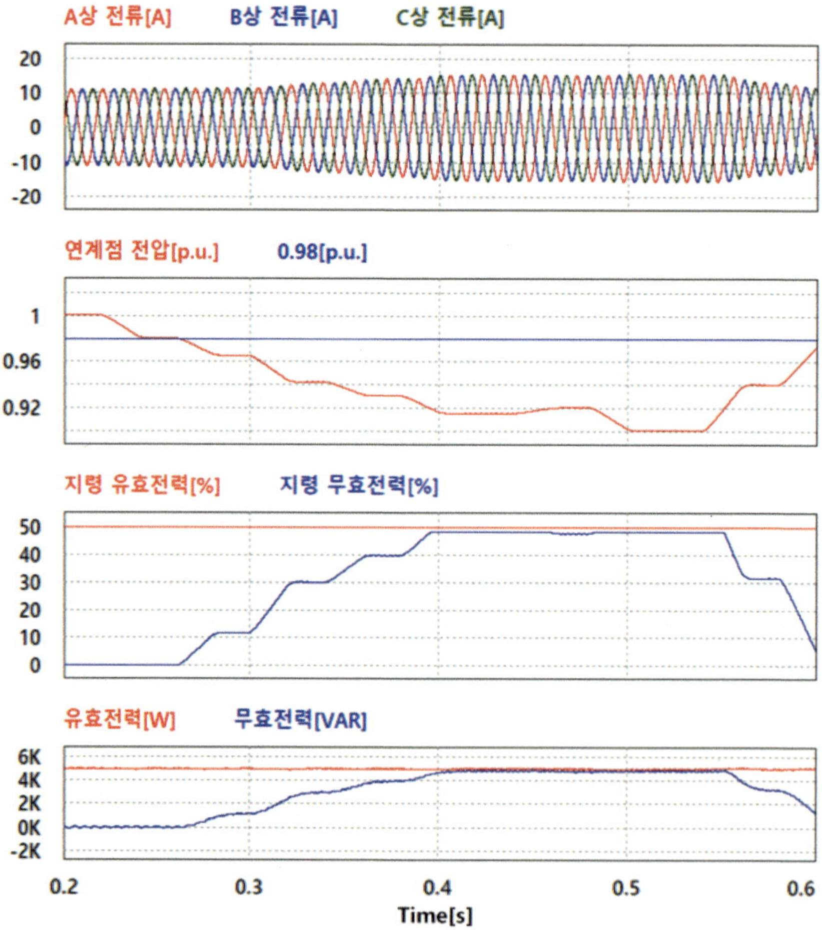

(a) 지령 유효전력이 정격전력의 50 %인 경우

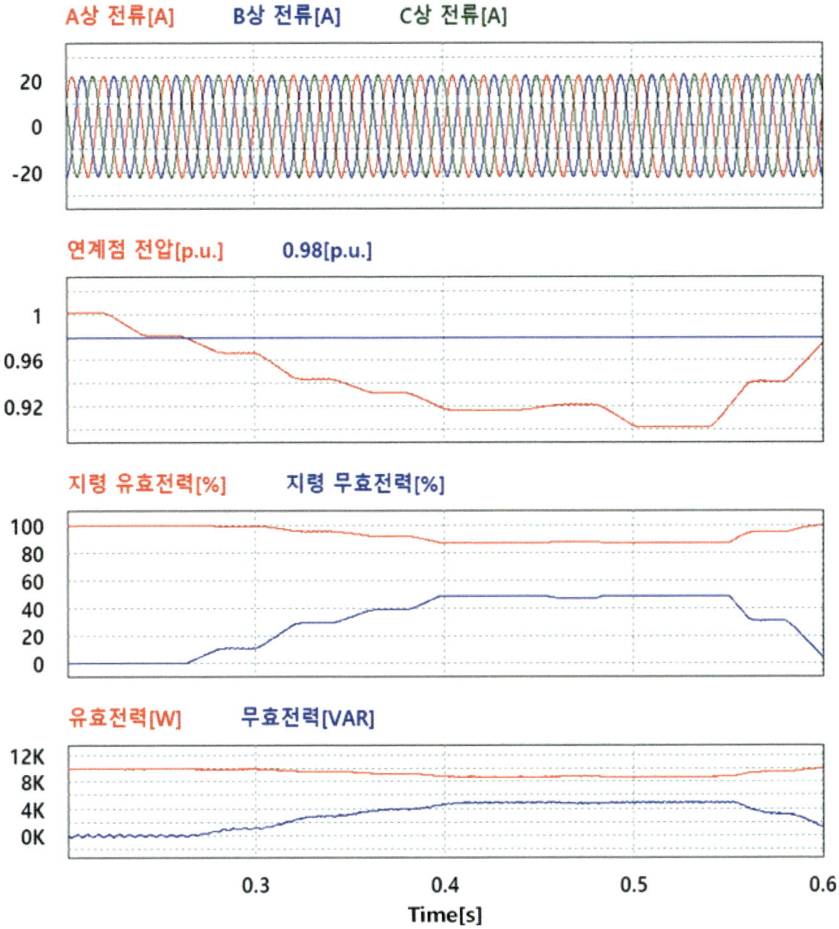

(b) 지령 유효전력이 정격전력의 100%인 경우

[그림 3.11] 저전압 상황의 Volt-VAR 제어 기능 시뮬레이션 결과

[그림 3.12]는 과전압 상황에서의 Volt-VAR 제어 기능 시뮬레이션 결과를 나타낸다. [그림 3.12(a)]와 [그림 3.12(b)]의 두 번째 파형과 같이 연계점 전압이 정격 전압보다 상승하는 경우, 연계점 전압이 1.02p.u.를 초과하는 구간부터 스마트 인버터는 유도성 무효전력을 출력한다. 지령 무효전력의 출력을 위해 피상전력의 크기가 정격을 초과하지 않도록 지령 유효전력은 감소한다.

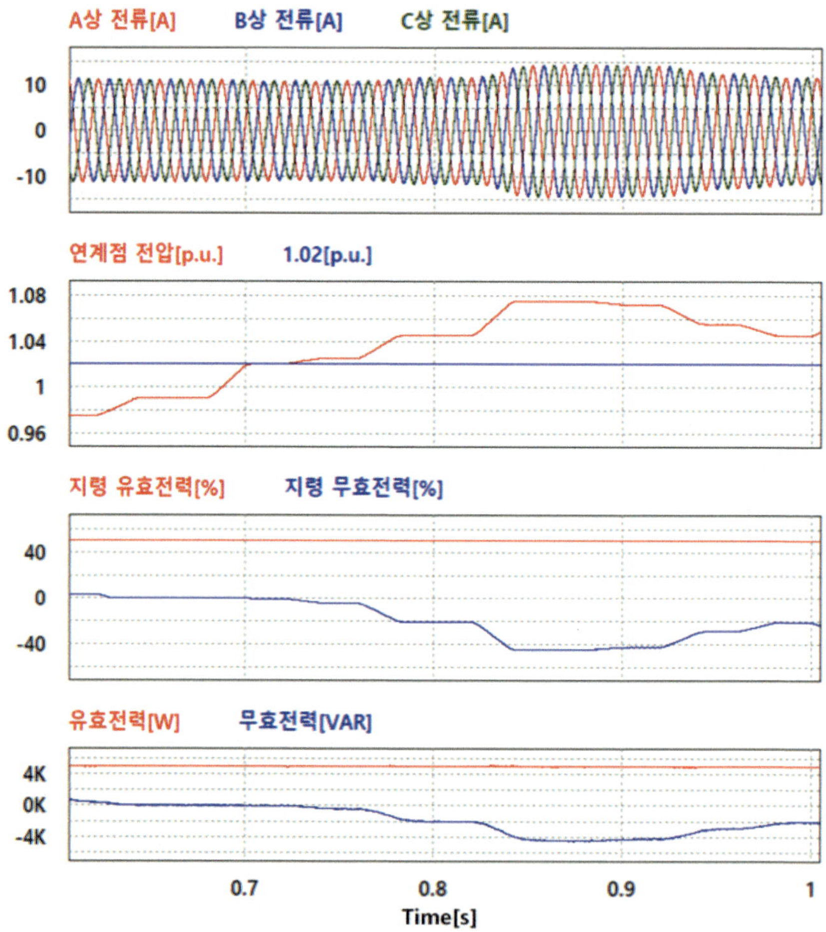

(a) 지령 유효전력이 정격전력의 50%인 경우

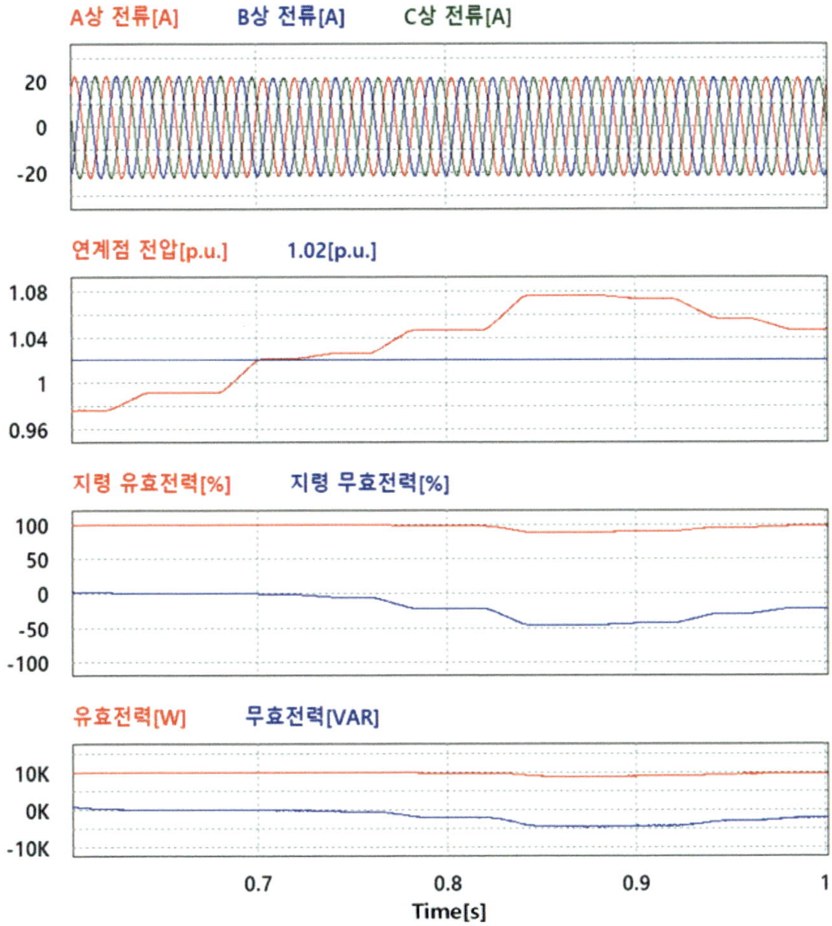

(b) 지령 유효전력이 정격전력의 100%인 경우

[그림 3.12] 과전압 상황의 Volt-VAR 제어 기능 시뮬레이션 결과

3.4 실험

Volt-VAR 제어 기능을 검증하기 위한 실험 환경은 [그림 2.11]과 같다. Volt-VAR 제어 기능의 파라미터를 [표 3.1]과 같이 설정한다. 지령 유효전력(P_{ref})은 초기에 설정된 유효전력(P_{set})을 기반으로 계통 상황에 맞게 변경된다.

[그림 3.13]은 저전압 상황의 Volt-VAR 제어 기능 실험 결과이며 유효전력은 정격전력의 50%로 설정한다. [그림 3.13(a)]에서 보듯이 계통 시뮬레이터의 제어 판넬을 조절하여 연계점 전압을 1p.u.에서 0.95p.u.와 0.9p.u.로 감소시킨다. 연계점 전압이 감소함에 따라 지령 무효전력(Q_{ref})은 증가하고 용량성 무효전력이 출력된다. [그림 3.13(b)]는 계통 시뮬레이터를 통해 연계점 전압이 1p.u.로 복귀하는 경우를 나타내며 연계점 전압의 증가에 따라 지령 무효전력이 감소한다. 저전압 상황에서 용량성 무효전력의 출력을 통한 Volt-VAR 제어 기능의 동작을 확인하였다.

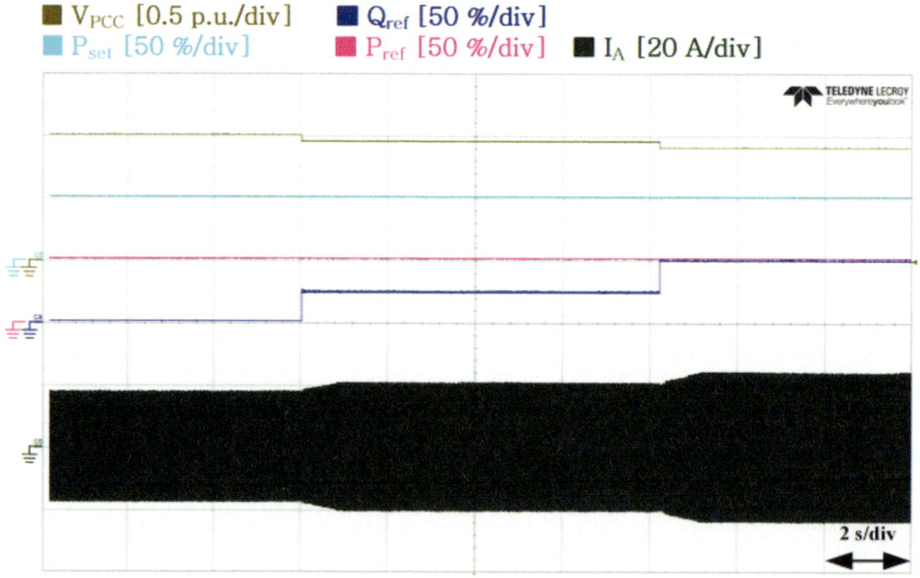

(a) 연계점 전압 감소

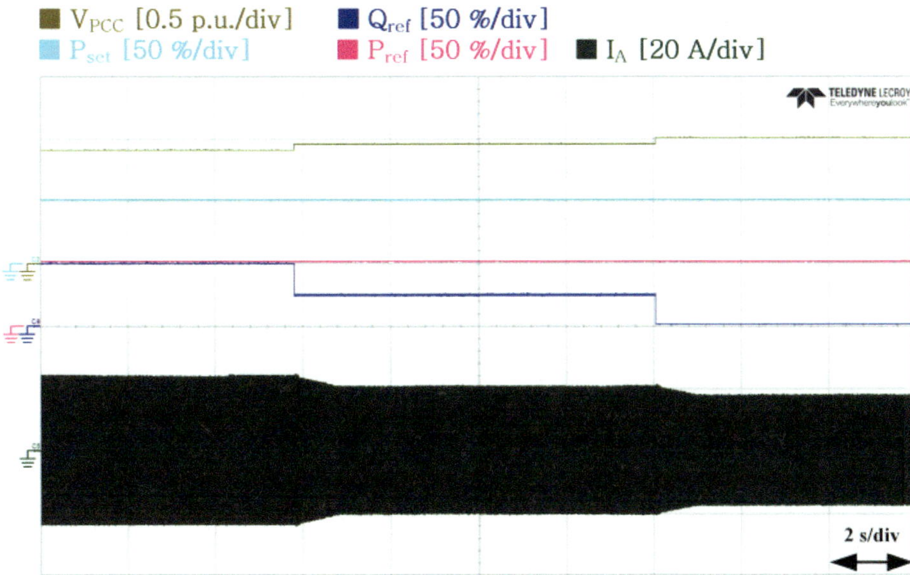

(b) 연계점 전압 증가

[그림 3.13] 저전압 상황의 Volt-VAR 제어 기능 실험 결과

[그림 3.14]는 과전압 상황에서 Volt-VAR 제어 기능의 실험 결과를 나타내며, 지령 유효전력을 정격전력의 50%로 설정한다. [그림 3.14(a)]에서 계통 시뮬레이터를 통하여 연계점 전압을 1p.u.에서 1.05p.u.와 1.1p.u.로 증가시킨다. 연계점 전압의 증가에 따라 지령 무효전력은 증가하고 유도성 무효전력이 출력된다. [그림 3.14(b)]에서 계통 시뮬레이터를 통하여 연계점 전압을 1p.u.로 감소하면 이에 따라 지령 무효전력이 감소한다. 과전압 상황에서 유도성 무효전력의 출력을 통하여 Volt-VAR 제어 기능의 동작을 확인하였다.

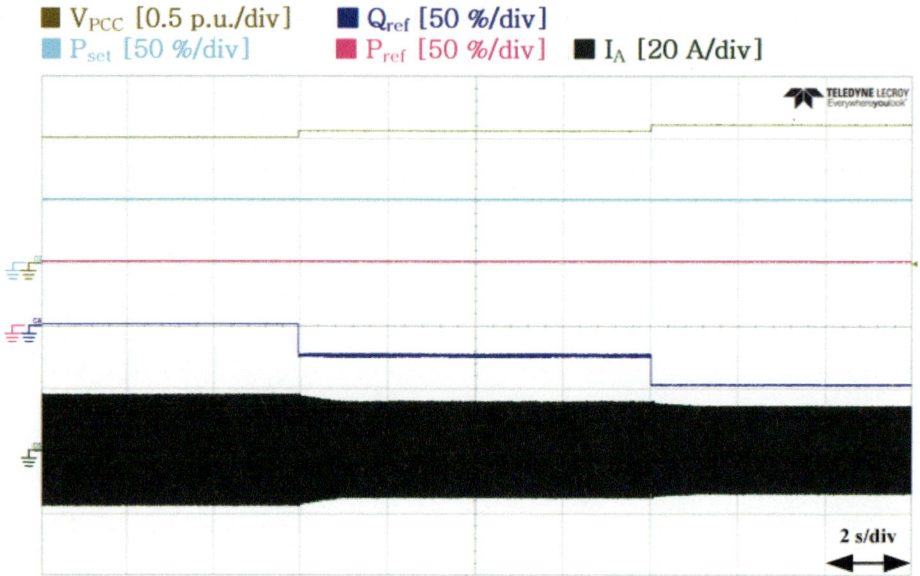

(a) 연계점 전압 증가

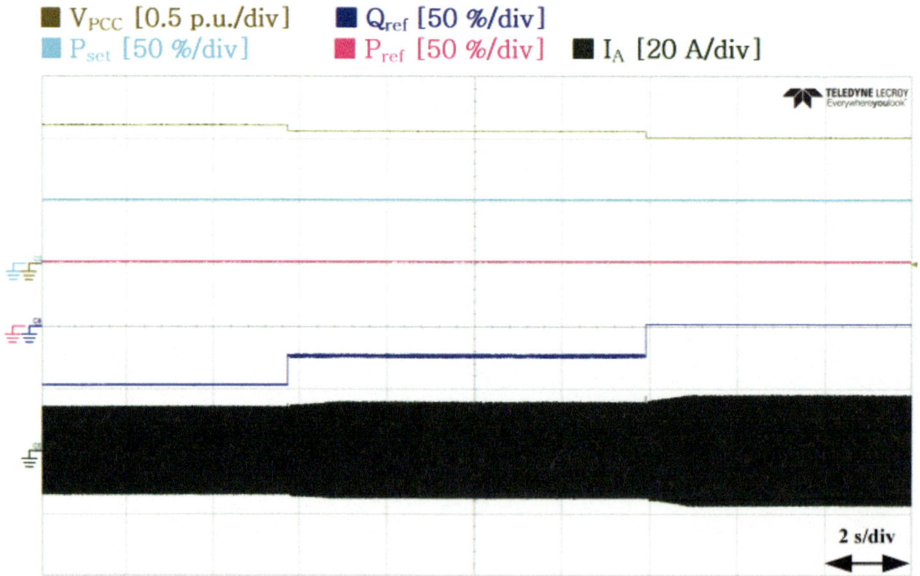

(b) 연계점 전압 감소

[그림 3.14] 과전압 상황의 Volt-VAR 제어 기능 실험 결과

3.5 참고문헌

[1] K.-Y. Song, *Power System Engineering*, Dongilbook, 2020, ISBN 978-89-381-1334-4.

[2] D. Ranamuka, A. P. Agalhaonkar, and K. M. Muttaqi, "Online Voltage Control in Distribution Systems with Multiple Voltage Regulating Devices," *IEEE Trans. Sustain. Energy*, vol. 5, no. 2, pp. 617-628, Apr. 2014.

[3] Y. Gupta, R. Nellikkath, K. Chatterjee, and S. Doolla, "Volt-VAR Optimization and Reconfiguration-Reducing Power Losses in a Droop Based Microgrid," in *Proc. IEEE Int. Conf. Power Electron., Smart Grid Renewable Energy*, pp. 1-6, 2020.

[4] R. Anilkumar, G. Devriese, and A. K. Srivastava, "Voltage and Reactive Power Control to Maximize the Energy —Savings in Power Distribution System with Wind Energy," *IEEE Trans. Ind.* Appl., vol. 54, no. 1, pp. 656-664, Jan./Feb. 2018.

[5] M. Ibrahim and M. M. A. Salama, "Smart Distribution System Volt/VAR Control Using Distributed Intelligence and Wireless Communication," *IET Gener. Transm. Distrib.*, vol. 9, no. 4, pp. 307-318, Mar. 2015.

[6] P. Jahangiri and D. C. Aliprantis, "Distributed Volt/VAR control by PV inverters," *IEEE Trans. Power Syst.*, vol. 28, no. 3, pp. 3429-3439, Aug. 2013.

[7] V. Calderaro, G. Conio, V. Galdi, G. Massa, and A. Piccolo, "Optimal Decentralized Voltage Control for Distribution Systems with Inverter-based Distributed Generators," *IEEE Trans. Power Syst.*, vol. 29, no. 1, pp. 230-241, Jan. 2014.

[8] B. Seal, "Common Functions for Smart Inverters," 4th ed., EPRI Palo Alto, CA, USA, EPRI Report 3002008217, Dec. 2016.

[9] S. Weckx, C. Gonzalez, and J. Driesen, "Combined Central and Local Active and Reactive Power Control of PV Inverters," *IEEE Trans. Sustain. Energy*, vol. 5, no. 3, pp. 776-784, Jul. 2014.

[10] R. Tonkoski, L. A. C. Lopes, and T. H. M. EI-Fouly, "Coordinated Active Power Curtailment of Grid Connected PV Inverters for Overvoltage Prevention," *IEEE Trans. Sustain. Energy*, vol. 2, no. 2, pp. 139-147, Apr. 2011.

[11] J. H. Braslavsky, J. K. Ward, and L. Collins, "A Stability Vulnerability in the Interaction between Volt-VAR and Volt-Watt Response Functions for Smart Inverters," in *Proc. IEEE Conf. Control Appl.*, pp. 733-738, Sep. 2015.

[12] S. Pukhrem, M. Basu, M. F. Conlon, and K. Sunderland, "Enhanced Network Voltage Management Techniques Under the Proliferation of Rooftop Solar PV Installation in Low-Voltage Distribution Network," *IEEE J. Emerg. Sel. Topics Power Electron.*, vol. 5, no. 2, pp. 681-694, Jun. 2017.

[13] L. Collins and J. K. Ward, "Real and Reactive Power Control of Distributed PV Inverters for Overvoltage Prevention and Increased Renewable Generation Hosting Capacity," *Renew. Sustain. Energy Rev.*, vol. 81, pp. 464-471, Sep. 2015.

CHAPTER 04

Volt-Watt 제어 기능

Chapter

04 Volt-Watt 제어 기능

본 절에서는 스마트 인버터의 대표적인 기능 중에서 Volt-Watt 제어 기능을 소개한다. Volt-Watt 제어 기능은 연계점 전압에 따라 계통에 공급하는 유효전력의 크기를 제한하는 것이다. Volt-Watt 제어 기능 곡선의 주요 설정값을 소개하고 시뮬레이션 및 실험을 통해 Volt-Watt 제어 기능의 동작과 효과를 설명한다.

4.1 Volt-Watt 제어 기능 곡선

Volt-Watt 제어 기능은 연계점 전압이 정격보다 상승하는 경우 설정된 제어 기능 곡선에 따라 유효전력의 출력을 제한하여 연계점 전압의 상승을 억제하는 기능이다. [그림 4.1]은 Volt-Watt 제어 기능 곡선을 나타내며, 식 (4.1)은 연계점 전압 크기의 구간에 따라 제한하는 지령 유효전력(P_{ref})을 나타낸다.

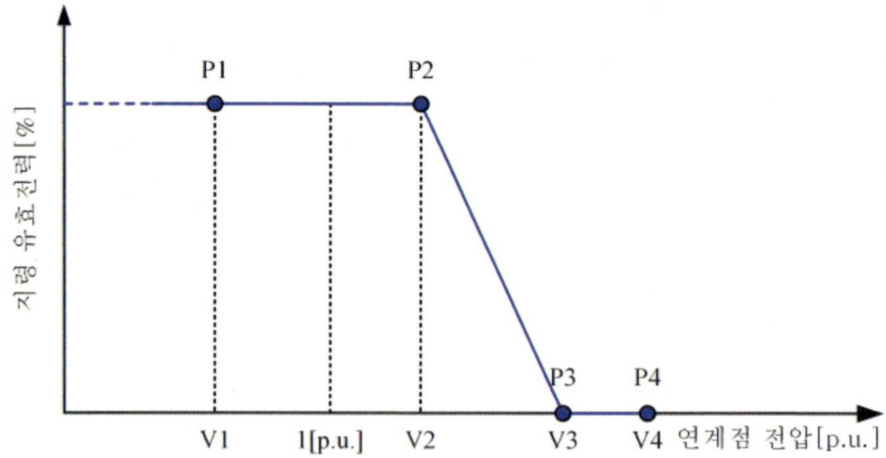

[그림 4.1] Volt-Watt 제어 기능 곡선

$$P_{ref} = \begin{cases} P1, & (V < V2) \\ \dfrac{P2 - P3}{V2 - V3}(V - V3), & (V2 \le V < V3) \\ P3, & (V3 \le V) \end{cases} \tag{4.1}$$

연계점 전압이 V2보다 작은 경우 스마트 인버터는 제어 기능 곡선에서 설정된 지령 유효전력(P1)에 따른 유효전력을 출력한다. 연계점 전압이 V2~V3 구간 내에서 상승하면 제어 기능 곡선을 따라 지령 유효전력을 선형적으로 감소시켜 연계점 전압을 안정화시킨다. 연계점 전압이 V3 이상인 경우, 설정된 유효전력 지령값(P3)을 출력한다. Volt-Watt 제어 기능의 설정에 사용되는 파라미터는 [표 4.1]에 정의된 바와 같다.

[표 4.1] Volt-Watt 제어 기능 곡선의 파라미터 및 설명

파라미터	설명
Enable/Disable	Volt-Watt 모드 활성화/비활성화
Number of Array Points	Volt-Watt 곡선 배열의 포인트 수
Randomization Time Window	새로운 지령 또는 새로 활성화된 모드가 적용되기 전의 지연 시간
Mode Transition Ramp Times	새로운 지령이 변하는 비율의 허용치
Time Out	새로운 지령이 유효한 시간
Maximum Watt Capability (WMax)	최대 유효전력의 출력량
VRef	기준 전압
VRefOfs	기준 전압의 오프셋
Fall_Limit	전압의 변화에 따른 최대 유효전력이 감소하는 비율의 허용치 (초당 WMax의 %로 표시)
Rise_Limit	전압의 변화에 따른 최대 유효전력이 증가하는 비율의 허용치 (초당 WMax의 %로 표시)

파라미터	설명
Fall_Limit_Cha	전압의 변화에 따른 최대 유효전력이 감소하는 비율의 허용치 (초당 WMax의 %로 표시, 에너지 저장 시스템에만 적용)
Rise_Limit_Cha	전압의 변화에 따라 최대 유효전력이 증가하는 비율의 허용치 (초당 WMax의 %로 표시, 에너지 저장 시스템에만 적용)
Low Pass Filter Time	초 단위로 표기한 1차 저역 통과 필터의 시정수(τ)의 3배 값(계단 응답에서 출력값이 지령값의 95%가 되는 대략적인 시간)

제어 기능 곡선의 유효 백분율 전압은 스마트 인버터가 측정한 연계점 전압, 기준 전압의 오프셋, 기준 전압을 기반으로 식 (4.2)와 같이 계산된다.

$$\text{유효 백분율 전압} = 100\% \times (\text{연계점 전압} - \text{VRefOfs})/\text{VRef} \qquad (4.2)$$

백분율 전압(제어 기능 곡선의 x축)은 기준 전압에 의해 식 (4.3)과 같이 계산된다.

$$\text{백분율 전압} = 100\% \times (\text{연계점 전압}/\text{VRef}) \qquad (4.3)$$

백분율 전압을 사용하면 기준 전압의 값이 상이한 계통에 연계되는 스마트 인버터에도 동일한 제어 기능 곡선을 적용할 수 있다. 제어 기능 곡선에 사용되는 VRef와 VRefOfs의 설정값을 기반으로 다수의 분산전원이 연계되더라도 동일한 Volt-Watt 제어 특성을 얻을 수 있다.

양방향 전력 흐름이 있는 에너지 저장 시스템에서 유효전력을 흡수할 때의 Volt-Watt 제어 기능 곡선은 [그림 4.2]와 같다. 이 경우 Volt-Watt 제어 기능 곡선의 파라미터는 [그림 4.2]와 같이 설정한다. 연계점 전압이 V2보다 작은 경우에는 P2에 해당하는 유효전력을 흡수한다. 연계점 전압이 V2~V3 구간 내에 있으면 흡수할 수 있는 지령 유효전력을 선형적으로 증가시킨다. 연계점 전압이 V3보다 크면 지령 유효전력(P3)을 흡수한다.

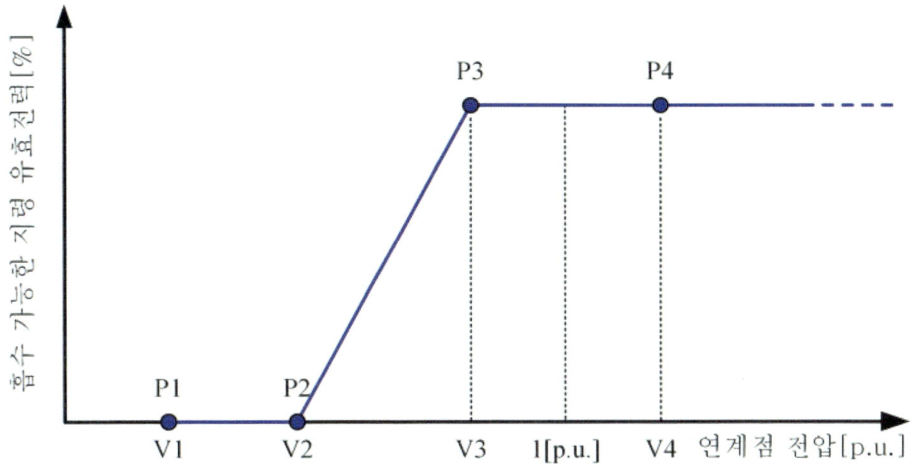

[그림 4.2] 유효전력을 흡수할 때의 Volt-Watt 제어 기능 곡선

Volt-Watt 기능에 의해 생성된 지령 유효전력이 변화하는 경우 급격한 출력의 변화를 방지하기 위하여 저역 통과 필터와 변화율의 허용치 설정으로 제한할 수 있다. 필요에 따라 두 가지 방법을 개별적으로 혹은 동시에 적용할 수 있다.

저역 통과 필터는 식 (4.4)에서 나타낸 주파수 응답 크기를 갖는 간단한 1차 필터이다. 여기서 $\omega = 2\pi f$이며 τ는 필터의 시정수이다.

$$\left| \frac{\text{출력}}{\text{입력}} \right| = \frac{1}{\sqrt{1+(\omega\tau)^2}} \tag{4.4}$$

식 (4.4)를 시간 영역에서 표현하면 식 (4.5)와 같다.

$$\text{출력} = \text{입력} \times (1 - e^{\frac{1}{\tau}}) \tag{4.5}$$

이 필터의 계단 입력에 따른 응답 특성은 [그림 4.3]과 같으며, 출력값이 입력값의 95%로 안정화되는 시간은 3τ이다. 출력 유효전력의 급격한 변화를 방지하기 위해 저역 통과 필터를 적용하면 출력값이 3τ의 지연을 갖는 완만한 변화 곡선을 갖는다.

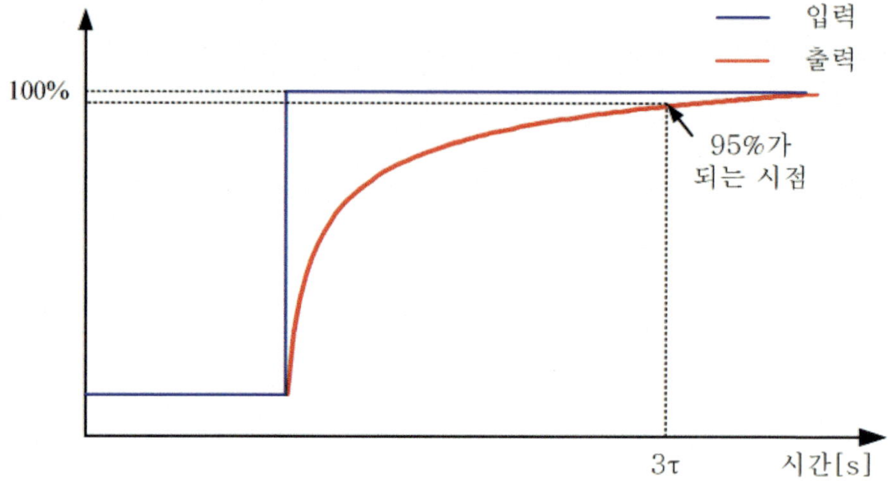

[그림 4.3] 1차 저역 통과 필터의 시간 응답

변화율의 제한은 유효전력 제한값(WattLimit)의 상승 및 하강 속도를 설정하는 기능으로 식 (4.6)과 같다. Rise_Limit 및 Fall_Limit은 전압의 변화에 따른 최대 유효전력의 증가 및 감소하는 비율의 허용치를 나타내며 단위는 초당 최대 유효전력의 출력량(WMax)의 비율로 표기된다.

$$\frac{dWattLimit}{dt} \leq Rise\_Limit$$
$$\frac{dWattLimit}{dt} \geq Fall\_Limit \qquad (4.6)$$

4.2 시뮬레이션

Volt-Watt 제어 기능 시뮬레이션에 활용한 회로도는 [그림 2.5]와 같고 시뮬레이션에 사용된 운전 파라미터는 [표 4.2]와 같다. [그림 4.4]는 Volt-Watt 제어 기능을 모의한 시뮬레이션 코드를 나타낸다. Volt-Watt 제어 기능 곡선의 구간은 조건문(if) 함수를 통해 구분한다.

[표 4.2] 시뮬레이션 파라미터

파라미터	값
정격전력	10kW
계통 선간 전압	380Vrms
계통 공칭 주파수	60Hz
스위칭 주파수	10kHz
Volt-Watt 제어 기능 곡선	
V1/ V2/ V3/ V4	0.90/ 1.06/ 1.10/ 1.14
P1/ P2/ P3/ P4	100/ 100/ 0/ 0

```
void Volt_Watt_Function() {
    Pset = 50.;
    V1 = 90, V2 = 106.,         V3 = 108., V4 = 110.;
    P1 = Pset, P2 = Pset, P3 = 0., P4 = 0;

    if (Vpcc 〈 V2) {
        Pref = P2;}
    else if (Vpcc 〉= V2 && Vpcc 〈 V3) {
        Pref = ((P2 - P3) / (V2 - V3)) * (Vpcc - V2);}
    else {
        Pref = W4;}}
```

[그림 4.4] Volt-Watt 제어 기능을 모의한 시뮬레이션 코드

Look Up Table (LUT)을 통해 시간에 따라 연계점 전압의 변화를 모의한다. 시뮬레이션은 계통의 전압이 상승할 때와 하강할 때에 대해 수행되며, 초기의 지령 유효전력(P_{set})은 정격전력의 50%와 100%로 설정한다.

[그림 4.5]는 저전압 상황의 Volt-Watt 제어 기능의 시뮬레이션 결과를 나타낸다. [그림 4.5(a)]에서 지령 유효전력은 정격전력의 50%로 설정한다. 연계점 전압이 1.06p.u.(V2) 미만인 경우, 유효전력의 출력이 정격전력의 50%로 일정하므로 유효전력은 5kW가 출력되고, 무효전력은 0VAR가 출력된다. 따라서 3상 출력전류는 일정한 크기를 유지한다. [그림 4.5(b)]에서 지령 유효전력은 정격전력의 100%로 설정한다. 연계점 전압이 1.06p.u.(V2)보다 작은 경우, 유효전력은 10kW가 출력되고, 무효전력은 0VAR가 출력되

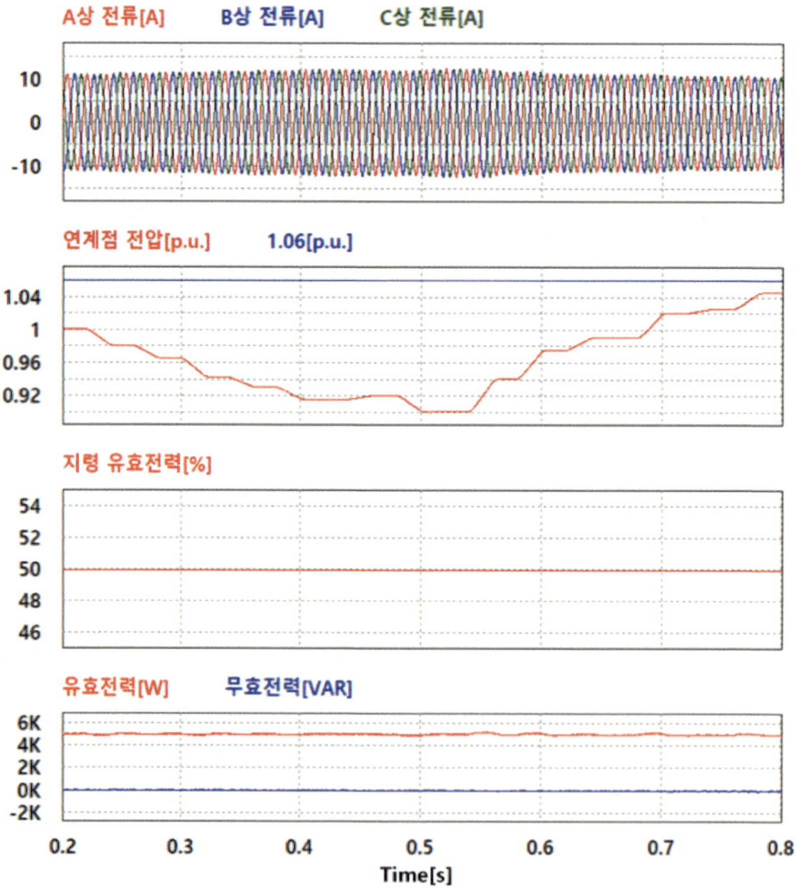

(a) 지령 유효전력이 정격전력의 50%인 경우

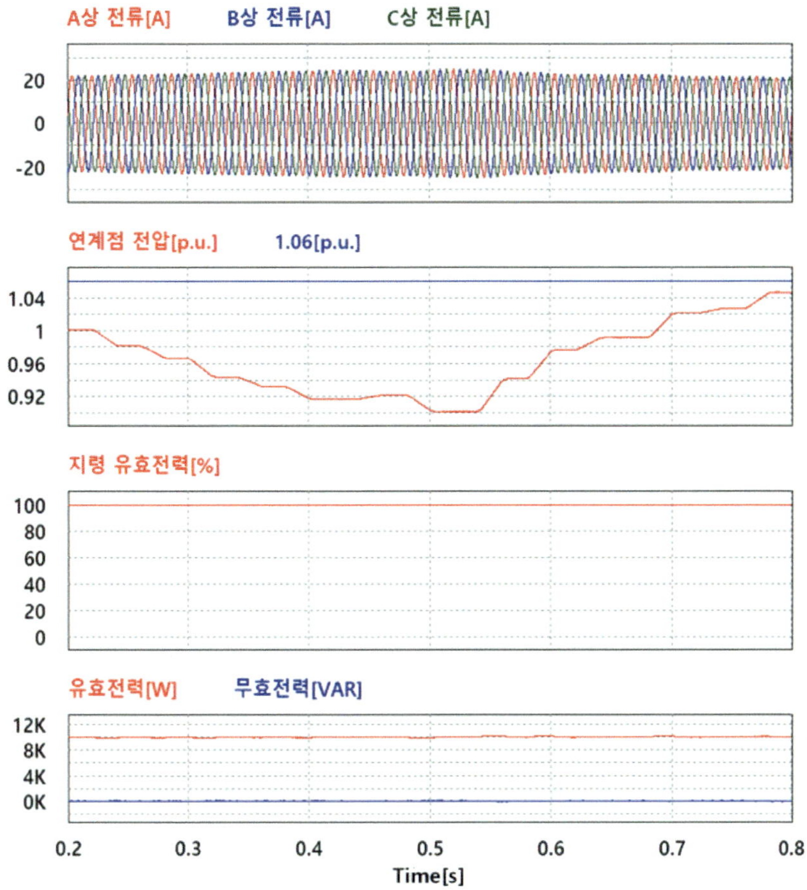

(b) 지령 유효전력이 정격전력의 100%인 경우

[그림 4.5] 저전압 상황의 Volt-Watt 제어 기능 시뮬레이션 결과

어 3상 출력전류의 크기는 변하지 않는다.

[그림 4.6]은 과전압 상황에서 Volt-Watt 제어 기능의 시뮬레이션 결과이다. [그림 4.6(a)]에서 지령 유효전력은 정격전력의 50%이고, 연계점 전압이 1.06p.u.(V2) 이하일 때는 5kW의 유효전력, 0VAR의 무효전력을 출력한다. 연계점 전압이 1.06p.u.(V2)보다 크게 되면 유효전력의 출력이 Volt-Watt 제어 기능 곡선을 따라 감소된다. 연계점 전압이 증가할수록 유효전력은 선형적으로 감소하며 1.10p.u.(V3) 이상인 경우(1.12~1.19초 부근), 지령 유효전력은 0kW가 출력된다. 따라서 그 구간에서 3상 출력 전류의 크기도 0이 된다. [그림 4.6(b)]의 지령 유효전력은 정격전력의 100%이

다. 이에 따라 10kW의 유효전력, 0VAR의 무효전력이 출력된다. [그림 4.6(b)]에서 볼 수 있듯이 연계점 전압이 1.06p.u.(V2) 이상인 경우, 유효전력의 출력은 Volt-Watt 제어 기능 곡선을 따라 감소된다. 연계점 전압이 1.10p.u.(V3) 이상이 되는 경우, 지령 유효전력은 0kW가 출력된다. [그림 4.6]으로부터 지령 유효전력이 감소되면 3상 출력 전류의 크기도 변한다.

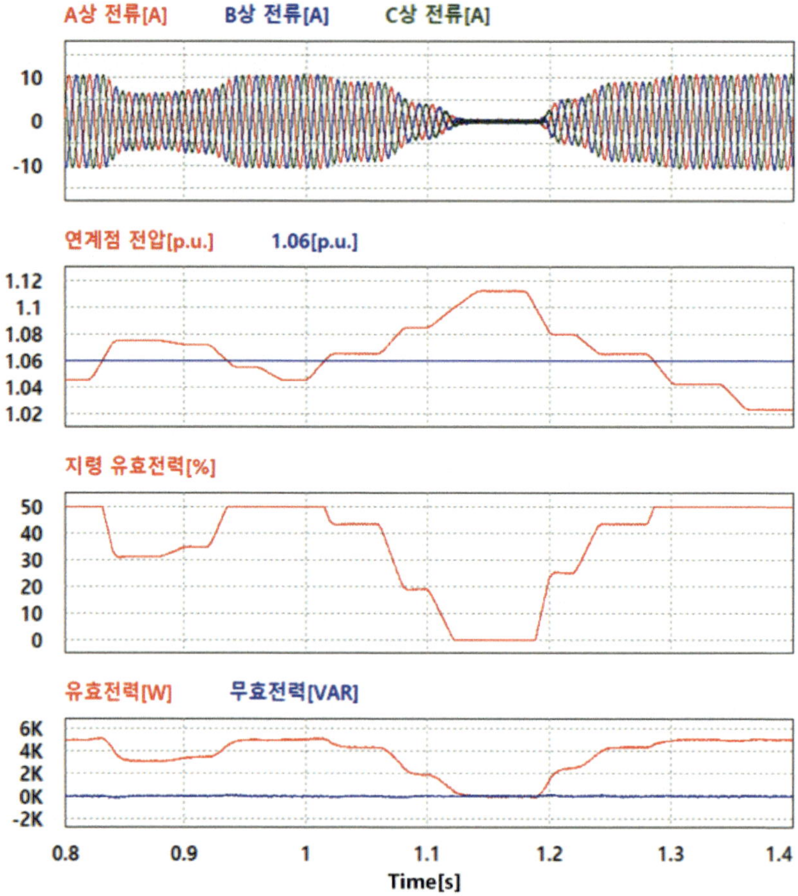

(a) 지령 유효전력이 정격전력의 50%인 경우

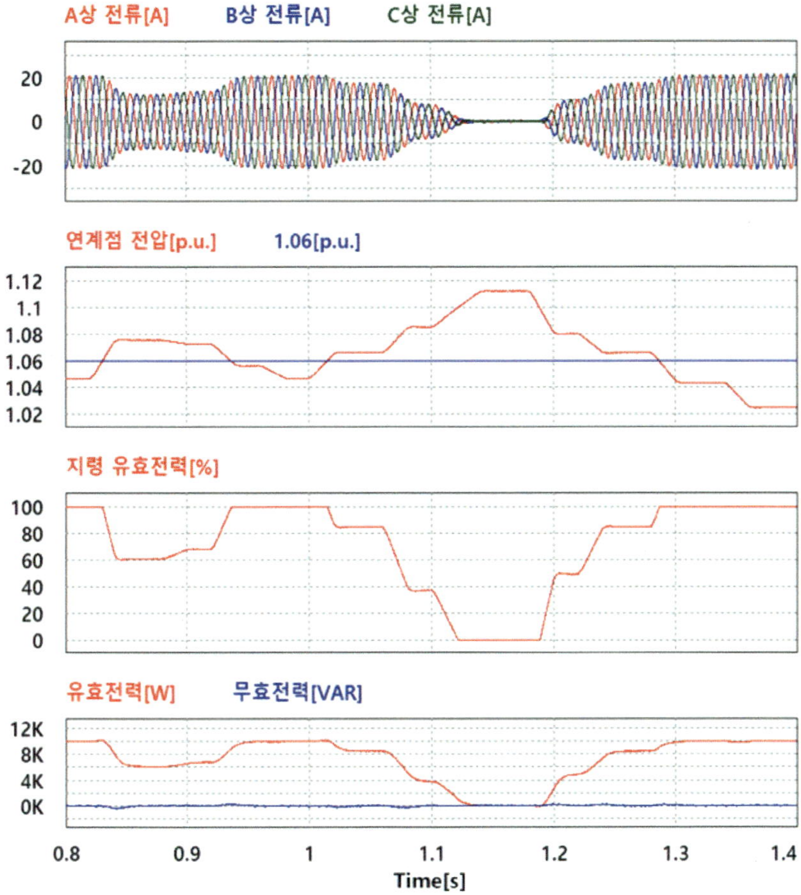

(b) 지령 유효전력이 정격전력의 100%인 경우

[그림 4.6] 과전압 상황의 Volt–Watt 제어 기능 시뮬레이션 결과

4.3 실험

[그림 2.11]과 같은 환경에서 Volt-Watt 제어 기능에 대한 실험을 수행한다. Volt-Watt 제어 기능의 실험에 사용되는 파라미터는 [표 4.2]와 같으며, 지령 유효전력(P_{ref})은 정격전력의 50%로 설정한다.

[그림 4.7]은 저전압 상황의 Volt-Watt 제어 기능의 실험 결과를 나타낸다. [그림 4.7(a)]에서 계통 시뮬레이터를 이용하여 연계점 전압을 1p.u.에서 0.95p.u.와 0.9p.u.로 순차적으로 변경한다. 지령 유효전력은 [표 4.2]에 의해 기존의 설정값으로 유지된다. [그림 4.7(b)]에서는 연계점 전압을 다시 1p.u.로 복귀시킨다. 연계점 전압이 1.06p.u.이하이므로 초기에 설정한 지령 유효전력이 유지된다. 이를 통해 저전압 상황에서 Volt-Watt 제어 기능의 동작을 확인하였다.

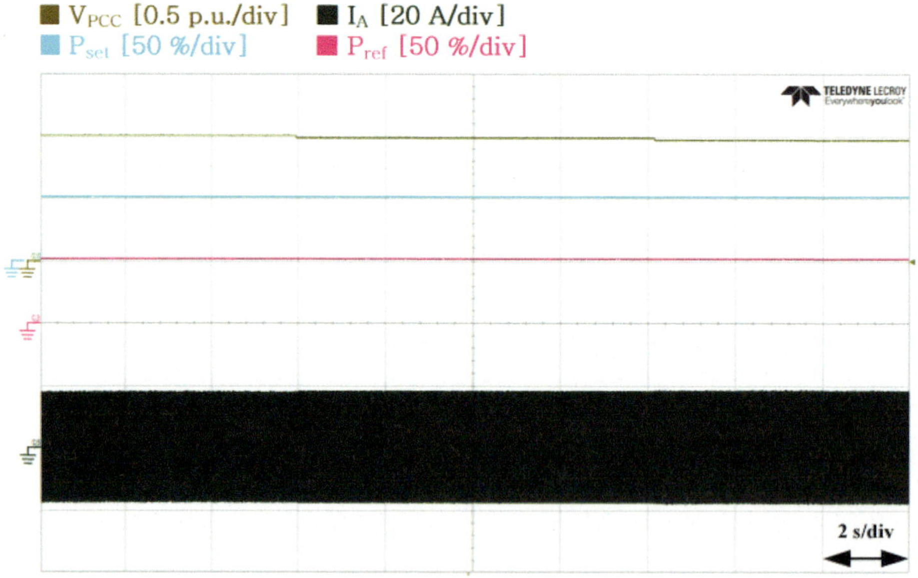

(a) 연계점 전압 감소

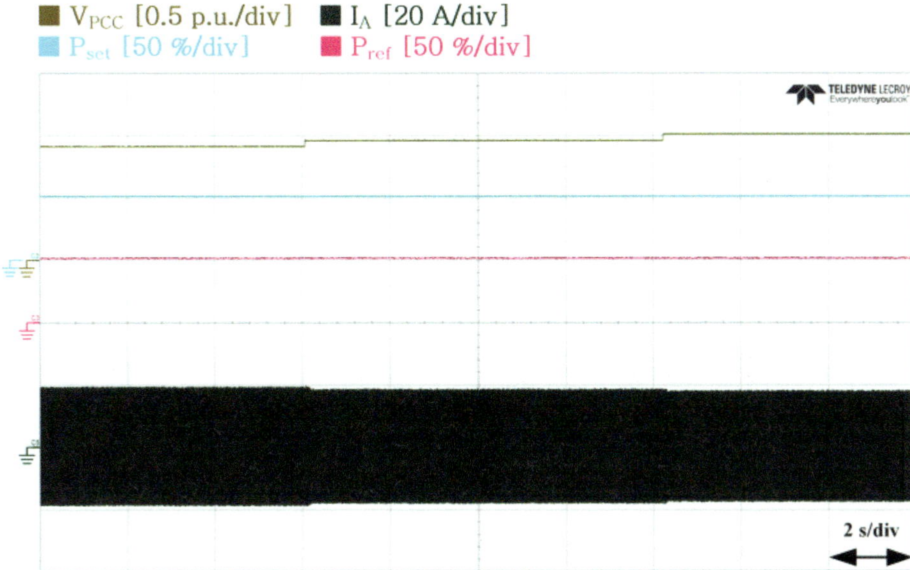

(b) 연계점 전압 증가

[그림 4.7] 저전압 상황에서 Volt-Watt 제어 기능의 실험 결과

[그림 4.8(a)]에서는 계통 시뮬레이터를 활용하여 연계점 전압을 1p.u.에서 1.07p.u., 1.09p.u.로 변경한다. 연계점 전압이 1.06p.u.이상이므로 설정된 Volt-Watt 제어 기능 곡선에 따라 지령 유효전력이 감소한다. [그림 4.8(b)]는 연계점 전압을 다시 1p.u.로 복귀시킨 결과를 나타낸다. 연계점 전압이 1p.u.로 감소함에 따라 지령 유효전력은 초기에 설정한 정격전력의 50%까지 증가하고 이에 따라 출력전류도 증가한다. 과전압 상황에서 유효전력의 출력이 감소하는 결과를 통하여 Volt-Watt 제어 기능의 동작을 확인하였다.

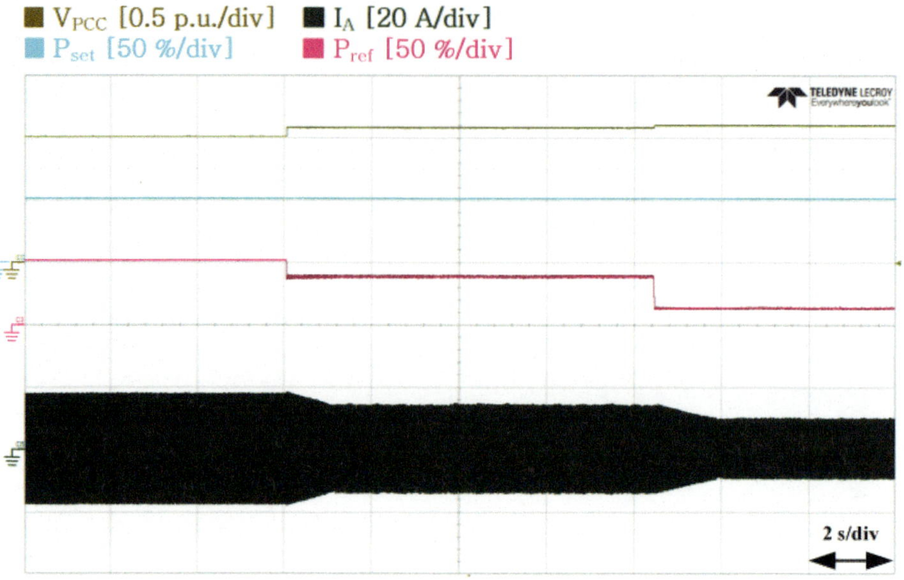

(a) 연계점 전압 증가

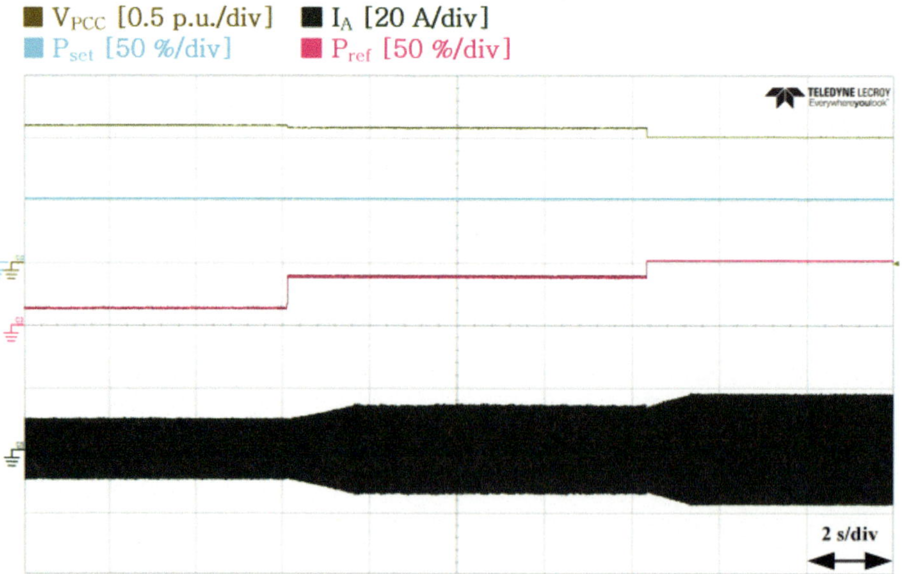

(b) 연계점 전압 감소

[그림 4.8] 과전압 상황에서 Volt-Watt 제어 기능의 실험 결과

4.4 참고문헌

[1] K.-Y. Song, *Power System Engineering*, Dongilbook, 2020, ISBN 978-89-381-1334-4.

[2] B. Seal, "Common Functions for Smart Inverters : Fourth Edition," EPRI, Inc. pp. 69-76, Dec. 2016.

[3] R. Tonkoski, L. Lopes, and T. H. M. El-Fouly, "Coordinated Active Power Curtailment of Grid Connected PV Inverters for Overvoltage Prevention," *IEEE Trans. Sustain. Energy*, vol. 2, no. 2, pp. 139-147, Apr. 2011.

[4] M. Farivar, R. Neal, C. Clarke, and S. H. Low, "Optimal Inverter VAR Control in Distribution Systems with High PV Penetration," in *Proc. IEEE Power & Energy Society General Meeting*, pp. 1-7, Jul. 2012.

[5] J. Situ and D. Wright, "Economic Analysis of Residential Solar Microgrids," in *Proc. IEEE Smart Energy Grid Engineering Conf.*, pp. 96-102, Aug. 2017.

[6] A. Moawwad, V. Khadkikar, and J. L. Kirtley, "Photovoltaic Power Plant as FACTS Devices in Multi-feeder Systems," in *Proc. IEEE Ind. Electron. Soc. Conf.*, pp. 918-923, Nov. 2011.

[7] L. Collins and J. K. Ward, "Real and Reactive Power Control of Distributed PV Inverters for Overvoltage Prevention and Increased Renewable Generation Hosting Capacity," *Renew. Sustain. Energy Rev.*, vol. 81, pp. 464-471, Sep. 2015.

[8] M. G. Kashani, M. Mobarrez, and S. Bhattacharya, "Smart Inverter Volt-watt Control Design in High PV-penetrated Distribution Systems," *IEEE Trans. Ind. Appl.*, vol. 55, no. 2, pp. 1147-1156, Mar. 2019.

[9] S. Weckx, C. Gonzalez, and J. Driesen, "Combined Central and Local Active and Reactive Power Control of PV Inverters," *IEEE Trans. Sustain. Energy*, vol. 5, no. 3, pp. 776-784, Jul. 2014.

[10] M. A. Ghasemi and M. Parniani, "Prevention of Distribution Network Overvoltage by Adaptive Droop–based Active and Reactive Power Control of PV Systems," *Elect. Power Syst. Res.*, vol. 133, pp. 313-327, Apr. 2016.

[11] J. H. Braslavsky, J. K. Ward, and L. Collins, "A Stability Vulnerability in the Interaction between Volt–VAR and Volt–Watt Response Functions for Smart Inverters," in *Proc. IEEE Conf. Control Appl.*, pp. 733-738, Sep. 2015.

Smart Inverter

CHAPTER 05

Frequency-Watt 제어 기능

Chapter

05 Frequency-Watt 제어 기능

본 절에서는 스마트 인버터의 Frequency-Watt 제어 기능을 소개한다. 스마트 인버터의 유효전력 출력을 계통 전압 주파수에 따라 가변하여 계통 안정화에 기여한다. Frequency-Watt 제어 기능은 계통 주파수(Freq) 변동 시 주파수 변화를 억제할 수 있도록 분산 발전원의 출력을 제한하는 것이다. Frequency-Watt 제어 기능 곡선을 설명하고 시뮬레이션을 통해 효과를 설명한다.

5.1 주파수와 유효전력의 관계

신재생 에너지원을 사용하는 분산전원의 계통 접속 용량이 증가함에 따라 분산전원이 출력하는 유효전력량의 변화가 계통에 미치는 영향도 증가한다. 태양광 발전 시스템의 출력 유효전력은 기상 조건, 계절, 지리적 위치에 따라 변화한다. 따라서 외부 조건에 따른 유효전력량의 변화는 계통 주파수의 변동 폭이 증가하는 문제를 초래한다.

계통의 주파수와 유효전력의 관계를 설명하기 위해 전력 계통을 회전체로 가정하면 회전체와 같은 방향으로 회전하는 힘은 분산전원의 유효전력이며, 반대 방향으로 회전하는 힘은 부하의 소비 전력과 손실 전력으로 [그림 5.1]과 같이 표현할 수 있다. 전력 계통은 평상시에는 발전량과 부하의 소비 전력 사이에 균형을 맞추어 회전수(계통 전압 주파수)를 일정하게 유지한다. 하지만 계통에 연계된 부하가 증가하면 전력 계통의 회전 방향과 반대 방향의 토크가 증가하여 회전체의 회전 속도가 느려지므로 계통 전압의 주파수는 감소한다. 반대로 부하의 탈락 또는 감소로 인해 발전원의 출력 전력이 상대적으로 더 크게 작용하면 회전체의 회전 속도는 증가하므로 계통 전압의 주파수는 상승한다.

스마트 인버터는 이러한 발전량과 부하 급변에 따른 불균형에 대응하기 위해 연계점 전압의 주파수를 측정하여 분산전원의 출력 유효전력을 조절한다. 따라서 주파수-유효전력(Frequency-Watt) 제어는 계통의 주파수 변동을 줄여 안정적인 계통 운영에 협조할 수 있으며, 계통 상황에 따라 다양한 설정으로 운영할 수 있다.

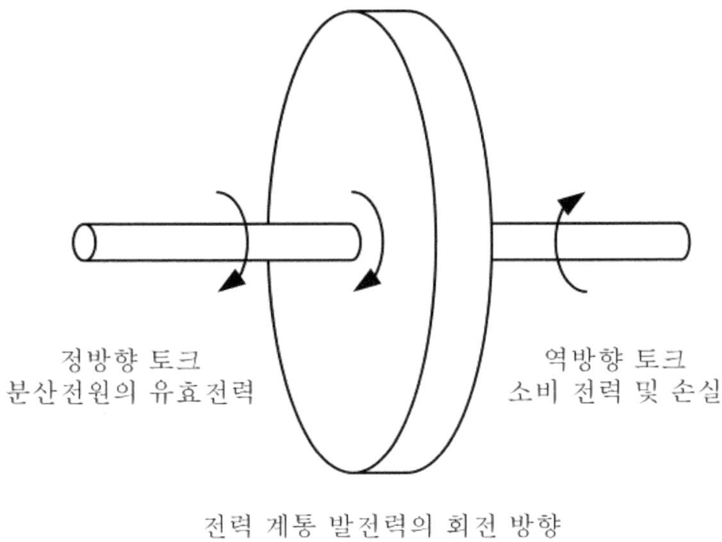

[그림 5.1] 주파수-유효전력의 관계

5.2 Frequency-Watt 제어 기능 곡선

5.2.1 파라미터 설정을 통한 Frequency-Watt 제어 기능

Frequency-Watt 제어 기능은 발전 전력과 계통에 접속된 부하의 소비 전력이 불균형할 때에 발생하는 주파수 변동을 감소시키기 위해 유효전력의 출력을 제어하는 것이다. 계통의 주파수가 상승할 때 스마트 인버터의 유효 전력 출력을 감소시켜 주파수 변동을 억제할 수 있다. [표 5.1]은 Frequency-Watt 제어 기능의 설정과 관련된 파라미터를 나타낸다.

주파수 관련 파라미터는 계통의 공칭 주파수($Freq_{rate}$)를 기준으로 설정된다. 공칭 주파수와 계통 주파수의 차이(ΔFreq)가 유효전력이 감소하기 시작하는 편차(HzStr) 이상인 경우, 지령 유효전력을 감소시킨다. ΔFreq는 식 (5.1)과 같고, 공칭 주파수가 60Hz일 때 계통 주파수(Freq)가 60.3Hz가 되면 ΔFreq는 0.3Hz가 된다. 계통 주파수가 지속적으로 증가하면 지령 유효전력은 설정된 기울기(WGra)에 따라 제한값(IEEE 1547의 Turn-Off Limit)에 도달할 때까지 감소한다. [그림 5.2]는 히스테리시스 기능의 활성화 여부(HystEna)에 따른 Frequency-Watt 제어 기능 곡선을 나타낸다.

히스테리시스 기능이 활성화되지 않은 경우의 지령 유효전력은 설정된 기

[표 5.1] Frequency-Watt 제어 기능의 설정

명칭	요약	설정 예시
WGra	지령 유효전력의 감소 기울기	40% Pref/Hz
HzStr	지령 유효전력이 감소하기 시작하는 공칭 주파수와의 편차	0.2Hz
HzStop	지령 유효전력이 초기 설정값으로 복귀하는 공칭 주파수와의 편차	0.05Hz
HystEna	히스테리시스 기능의 활성화 여부	On
HzStopWGra	감소한 지령 유효전력이 정상으로 복귀하는 최대 시간 변화율	10% Pmax/분

울기에 따라 감소 또는 증가하며 이는 [그림 5.2(a)]와 같다. [그림 5.2(b)]는 히스테리시스 기능을 활성화한 경우를 나타내며 감소된 지령 유효전력은 주파수 편차가 지령 유효전력이 초기 설정값으로 복귀하는 편차(HzStop) 이하가 될 때까지 유지된다. 계통 주파수와의 편차가 HzStop 보다 작거나 같을 때, 감소한 지령 유효전력은 초기에 설정한 값으로 복귀한다. 복귀 시간은 최대 시간 변화율(HzStopWGra)을 이용하여 Pmax/분으로 설정하며 기본값은 10%이다.

$$\Delta Freq = Freq - Freq_{rate} \quad (5.1)$$

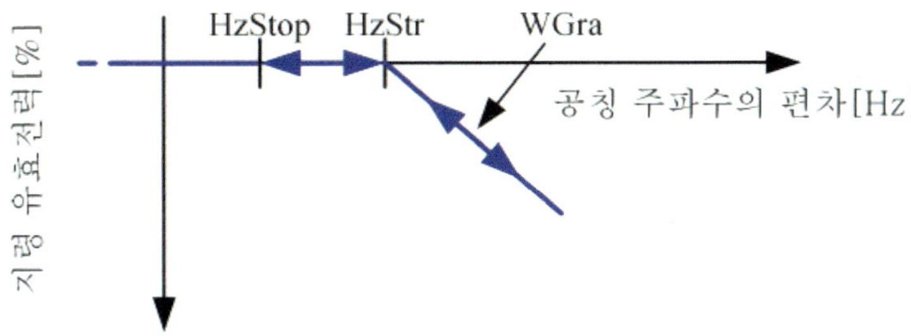

(a) 히스테리시스 기능이 활성화되지 않은 경우

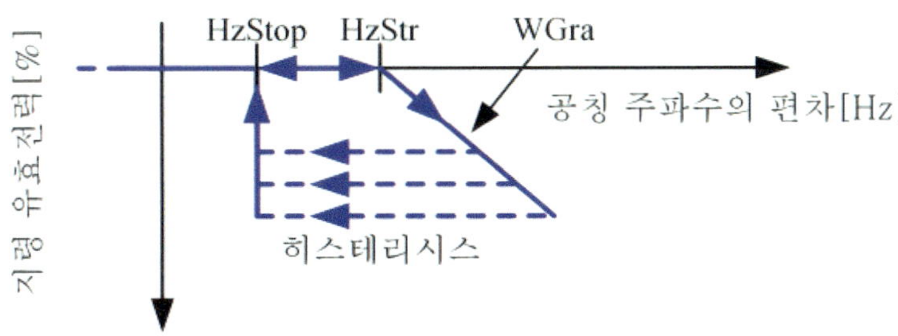

(b) 히스테리시스 기능이 활성화된 경우

[그림 5.2] 히스테리시스 활성화 여부에 따른 Frequency-Watt 제어 기능 곡선

[그림 5.3]은 파라미터 설정을 통한 Frequency-Watt 제어 기능 곡선의 예시이며 파라미터는 [표 5.1]을 참고한다. 주파수 변동에 따른 지령 유효전력(P_{ref})은 식 (5.2)와 같다. 공칭 주파수($Freq_{rate}$)가 60Hz일 때, 계통 주파수(Freq)가 60.2Hz 이상으로 증가하면 지령 유효전력은 설정된 기울기

(WGra)에 의해 감소한다. 만약 스마트 인버터의 정격 유효전력이 1000W인 경우에 계통 주파수가 61.7Hz로 증가한다면 지령 유효전력은 400W로 제한되며 식 (5.3)과 같다. 계통 주파수와의 편차가 HzStop 이상일 때 지령 유효전력은 400W를 유지하며 HzStop 이하로 감소하면 HzStopWGra를 통해 기존에 설정한 지령 유효전력으로 복귀한다.

$$P_{ref} = P_{rate} \times (1 - (Freq_{rate} + HzStr - Freq)^{*} WGra) \quad (5.2)$$

$$400 = 1000 \times (100 - (60 + 0.2 - 61.7)^{*} 0.4) \quad (5.3)$$

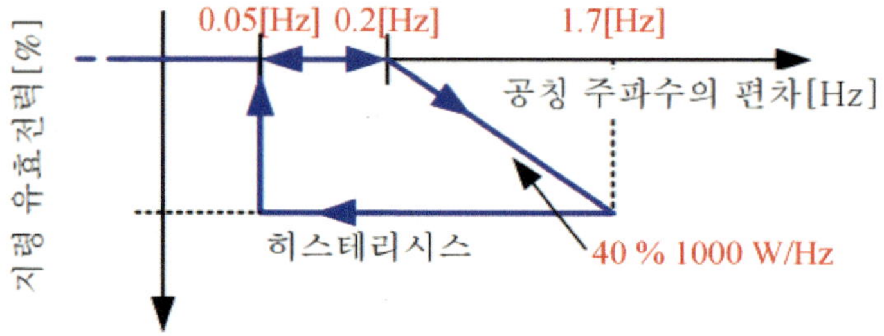

[그림 5.3] 파라미터 설정을 통한 Frequency-Watt 제어 기능 곡선의 예시

5.2.2 곡선 설정을 통한 Frequency-Watt 제어 기능

[그림 5.4]는 곡선 설정을 통하여 Frequency-Watt 제어 기능의 곡선을 나타낸다. x축과 y축은 각각 계통 주파수와 지령 유효전력을 나타낸다. y축은 -100%에서 +100%까지로 설정하며 양의 값은 분산전원에서 생산된 전력이 계통으로 전달되는 것을 의미하며, 음의 값은 계통에서 에너지 저장 장치로 저장되는 것을 의미한다.

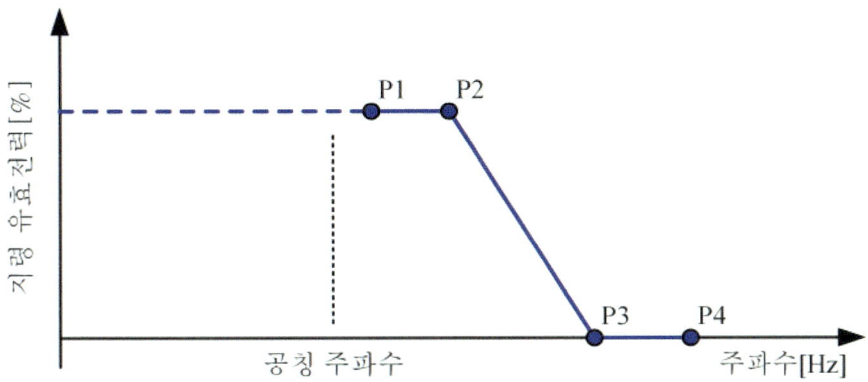

[그림 5.4] Frequency-Watt 제어 기능 곡선

곡선 설정을 통하여 Frequency-Watt 제어 기능은 히스테리시스 기능의 활성화 설정(HystEna)에 따라 두 가지 동작 모드로 구분한다. 히스테리시스 기능이 비활성화되면 Frequency-Watt 제어 기능 곡선은 [그림 5.4]와 같이 한 개의 곡선으로 지령 유효전력이 계산된다.

[그림 5.5]는 히스테리시스 기능을 활성화한 Frequency-Watt 제어 기능 곡선을 나타낸다. [그림 5.5(a)]는 히스테리시스 곡선이 대칭인 경우이며 [그림 5.5(b)]는 히스테리시스 곡선이 비대칭인 경우를 나타낸다. 주파수가 증가하여 지령 유효전력은 설정된 파란색 곡선을 따라 감소하며 계통 주파수가 감소하면 빨간색 곡선을 따라 지령 유효전력이 증가한다.

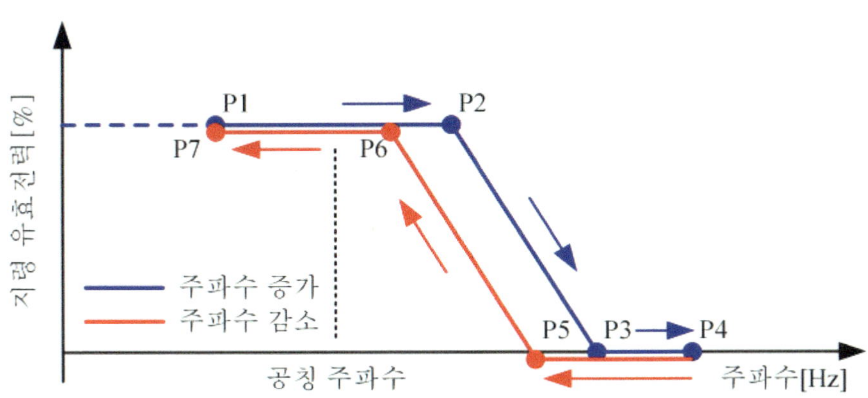

(a) 히스테리시스 곡선이 대칭인 경우

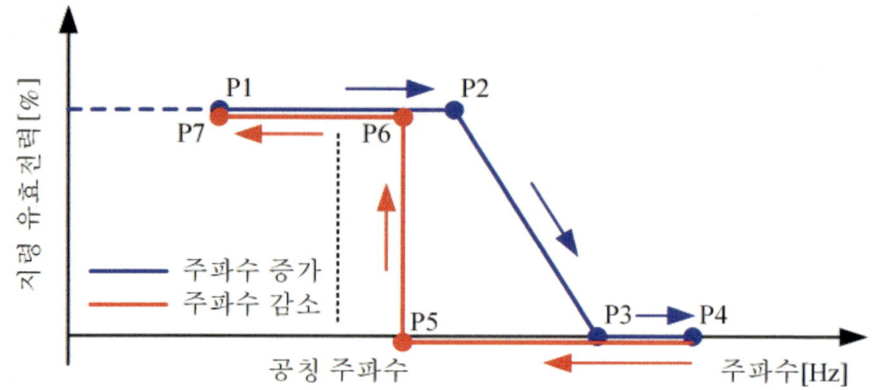

(b) 히스테리시스 곡선이 비대칭인 경우

[그림 5.5] 히스테리시스 기능을 활성화한 Frequency-Watt 제어 기능 곡선

에너지 저장 장치 시스템에 Frequency-Watt 제어 기능을 적용하면 유효전력의 생산과 흡수를 통해 양방향으로 전력의 흐름을 지원할 수 있다. 이때, 사용하는 Frequency-Watt 제어 기능 곡선은 [그림 5.6]과 같다. [그림 5.6(a)]를 활용하여 에너지 저장 장치를 충전할 수 있다. 계통 주파수가 증가하면 계통으로부터 전력을 흡수하여 에너지 저장 장치를 충전한다. [그림 5.6(b)]는 [그림 5.6(a)]와 다르게 에너지 저장 장치의 충전과 방전을 지원한다. 음의 지령 유효전력은 에너지 저장 장치에서 스마트 인버터를 통해 계통으로 공급하는 유효전력이다.

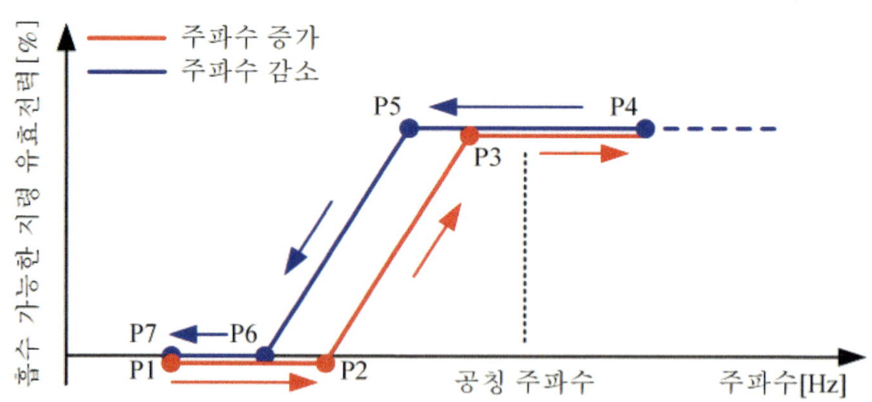

(a) 에너지 저장 장치의 충전

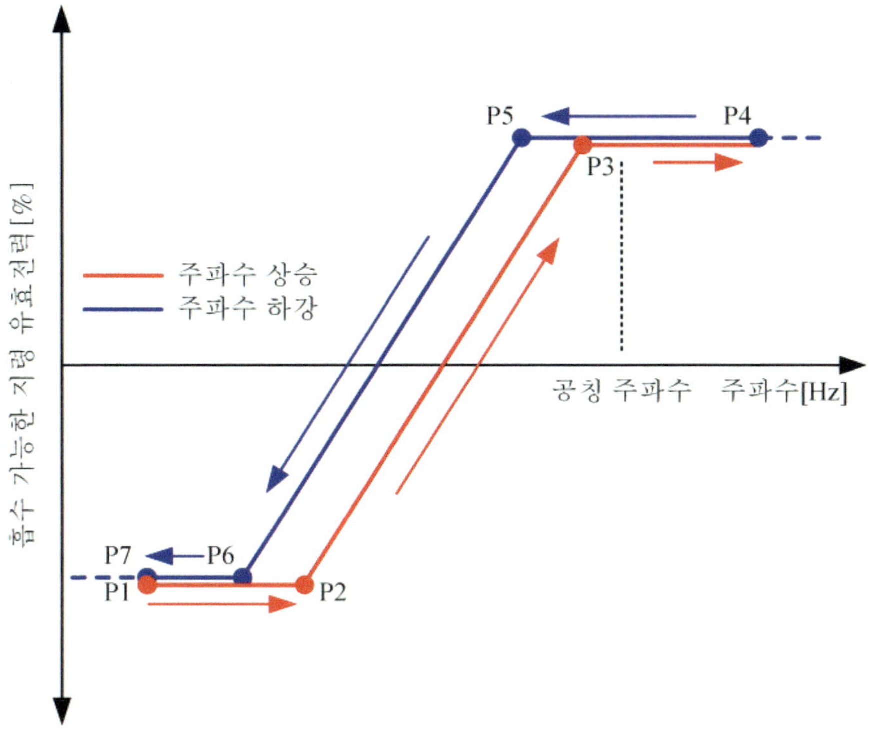

(b) 에너지 저장 장치의 충, 방전

[그림 5.6] 에너지 저장 장치에서의 Frequency-Watt 제어 기능 곡선

5.3 시뮬레이션

[그림 2.5]는 Frequency-Watt 제어 기능의 시뮬레이션에 활용한 회로도를 나타내고 [표 5.2]는 시뮬레이션에 사용된 운전 파라미터를 나타낸다. Frequency-Watt 제어 기능을 모의한 시뮬레이션 코드는 [그림 5.7]과 같다. 조건문(if)을 활용하여 Frequency-Watt 제어 기능 곡선을 구현한다. 지령 유효전력이 감소하기 시작하는 주파수(HzStr_fall)는 계통 공칭 주파수와 HzStr에 의해 60.036Hz가 되며 지령 유효전력이 증가하기 시작하는 주파수(HzStr_rise)는 59.964Hz가 된다.

[표 5.2] 시뮬레이션 파라미터

파라미터	값
정격전력	10kW
계통 선간 전압	$380V_{rms}$
계통 공칭 주파수	60Hz
스위칭 주파수	10kHz
HzSrt	±0.036Hz
WGra	±50%/1Hz

```
void Frequency_Watt_Function() {
    Freqrate = 60.;
    Prate = 100., Pset = 50.;
    HzStr_fall = Freqrate + HzStr;
    HzStr_rise = Freqrate - HzStr;
    WGra_rise = 50., WGra_fall = 50.;

    if (Freq > HzStr_fall) {
        Pref = -WGra_fall * (Freq - HzStr_fall) + Pset;
        if (Pref <= 0)
            Pref = 0.;}
    else if (Freq < HzStr_rise) {
        Pref = WGra_rise * abs(Freq - HzStr_rise) + Pset;
        if (Pref >= Prate)
            Pref = Prate;}}
```

[그림 5.7] Frequency-Watt 제어 기능을 모의한 시뮬레이션 코드

시뮬레이션은 LUT를 활용하여 계통 주파수의 변동을 모의한다. 계통 주파수가 상승하는 경우와 하강하는 경우에 대하여 시뮬레이션을 수행한다.

초기 지령 유효전력(P_{set})은 정격전력의 50%와 100%로 설정한다.

[그림 5.8]은 저주파수 상황의 Frequency-Watt 제어 기능 시뮬레이션 결과이다. 0.2초 이전의 계통 주파수는 60Hz로 스마트 인버터는 초기 지령 유효전력을 출력한다. 이 후 계통 주파수는 59.964Hz 이하로 감소하며 이에 따라 지령 유효전력은 설정된 기울기(WGra)에 의해 선형적으로 증가한다. 0.3초 이후에도 계통 주파수는 감소하더라도 지령 유효전력은 정격전력의 제한으로 100%를 유지한다. 지령 유효전력의 증가와 감소에 따라 계통 3상 출력전류의 값은 변한다. 0.4초부터 계통 주파수는 공칭 주파수로 복귀하여 지령 유효전력은 초기 지령 유효전력인 50%로 감소한다.

초기 지령 유효전력이 정격전력의 100%인 경우의 Frequency-Watt 제

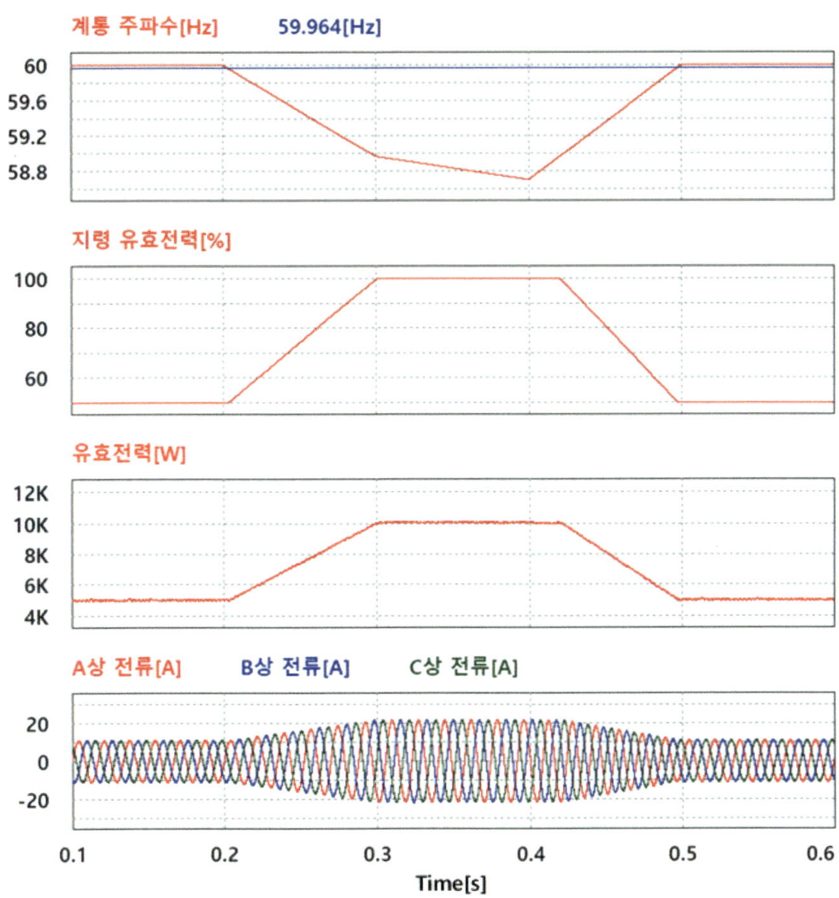

(a) 지령 유효전력이 정격전력의 50%인 경우

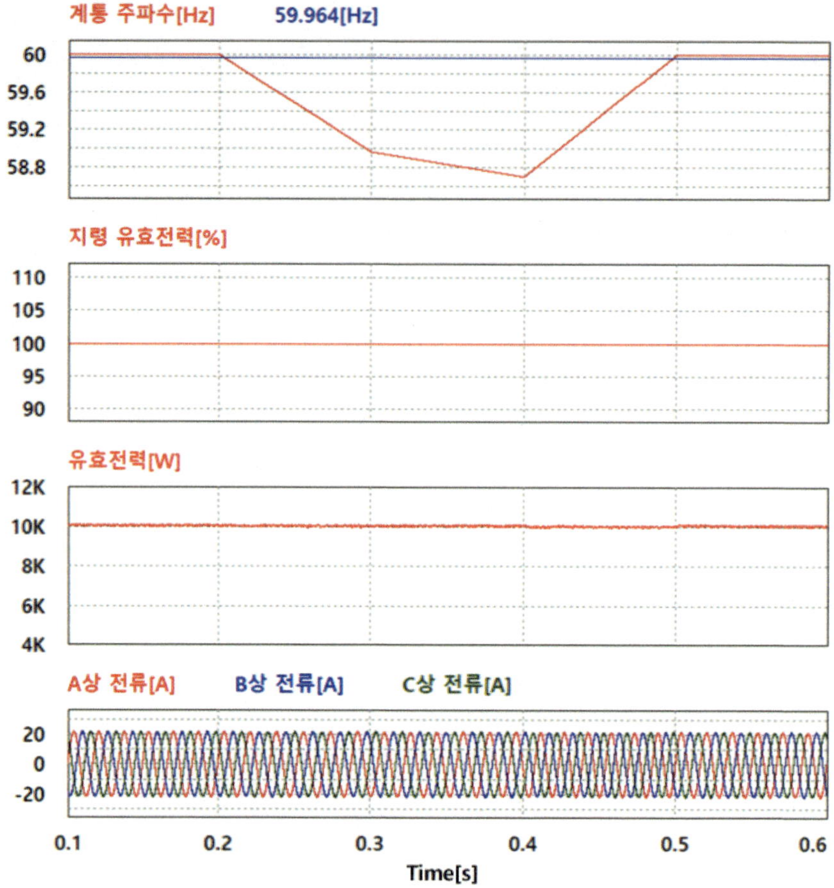

(b) 지령 유효전력이 정격전력의 100%인 경우

[그림 5.8] 저주파수 상황의 Frequency-Watt 제어 기능 시뮬레이션 결과

어 기능 시뮬레이션 결과는 [그림 5.8(b)]와 같다. [그림 5.8(a)]의 경우와 동일하게 0.2초부터 계통 주파수는 감소한다. 초기 지령 유효전력이 정격전력의 100%이므로 주파수 감소에 따라 지령 유효전력은 증가하지 않는다.

[그림 5.9]는 에너지 저장이 불가능한 시스템을 가정하고 계통 전압의 주파수가 증가하는 경우의 Frequency-Watt 제어 기능 시뮬레이션 결과이다. [그림 5.9(a)]에서 지령 유효전력은 정격전력의 50%이며 0.2초에 계통 주파수는 증가한다. 공칭 주파수와의 편차가 HzStr 이상으로 증가하면 지령 유효전력은 설정된 기울기를 통해 감소한다. 식 (5.1)에 의해 지령 유효

전력이 0%가 되는 주파수는 61.036Hz이다. 계통 주파수가 증가하여 지령 유효전력이 감소하더라도 에너지 저장이 불가능하므로 지령 유효전력은 0 이하로 감소하지 않는다. 0.4초에 계통 주파수가 60Hz로 감소하면 지령 유효전력은 초기 설정인 50%로 증가한다.

[그림 5.9(b)]는 지령 유효전력이 정격 유효전력의 100%로 설정된 경우의 시뮬레이션 결과를 나타내며, 0.2초에 계통 주파수는 증가한다. 주파수 증가로 인해 지령 유효전력은 감소하고 이에 따라 3상 출력전류의 크기도 변한다.

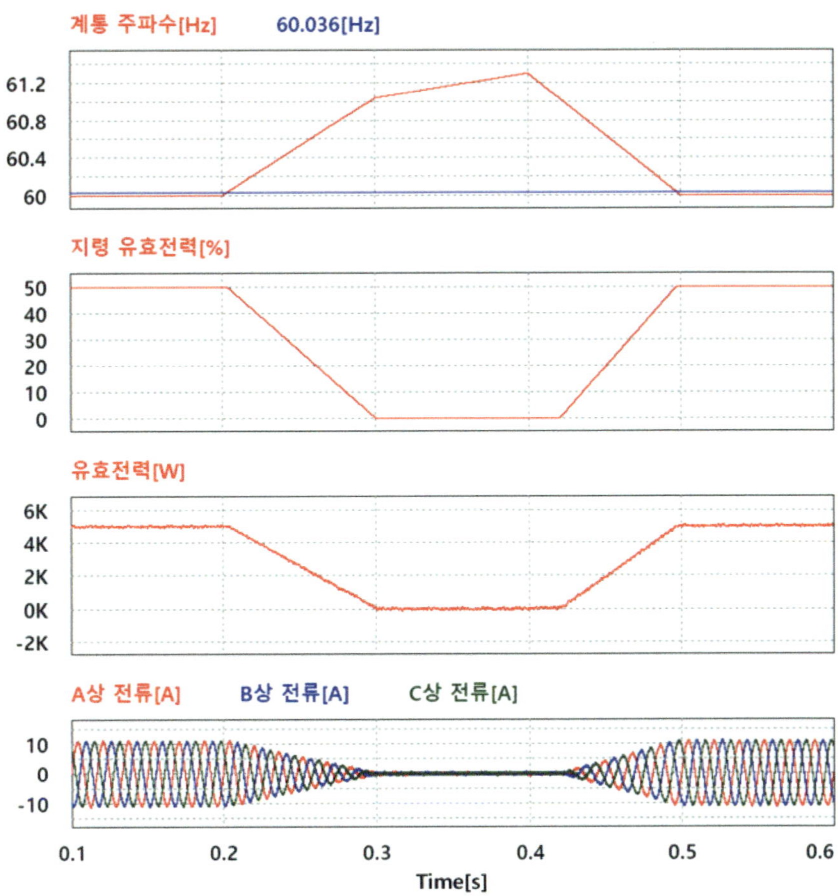

(a) 지령 유효전력이 정격전력의 50%인 경우

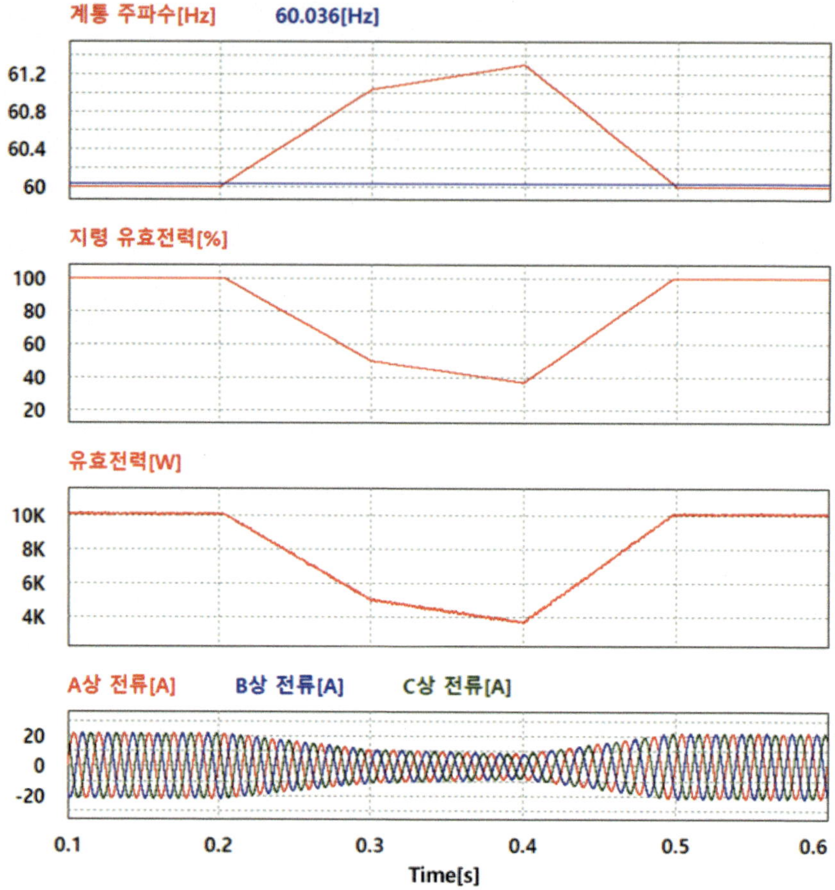

(b) 지령 유효전력이 정격전력의 100%인 경우

[그림 5.9] 고주파수 상황의 Frequency-Watt 제어 기능 시뮬레이션 결과

5.4 실험

Frequency-Watt 제어 기능의 실험은 [그림 2.11]과 같은 환경에서 수행하며 실험에 상황을 모의한다. [그림 5.10]는 계통 주파수가 저주파수 상황인 경우의 실험 결과를 나타낸다. [그림 5.10(a)]에서 초기 지령 유효전력(P_{set})은 정격전력의 50%이며 계통 주파수(Freq)는 60Hz에서 59.5Hz로 감소시킨다. 이에 따라 ΔFreq는 -0.5Hz가 되며 지령 유효전력(P_{ref})은 초기 지령 유효전력을 기반으로 증가한다. [그림 5.10(b)]에서는 초기 지령 유효전력을 정격전력의 75%로 설정하고 계통 주파수를 감소시킨다. 계통 주파수가 감소함에 따라 지령 유효전력은 설정된 곡선 기울기에 의해 증가한다. Frequency-Watt 제어 기능의 실험을 통해 저주파수 상황에서 지령 유효전력의 변동을 확인하였다.

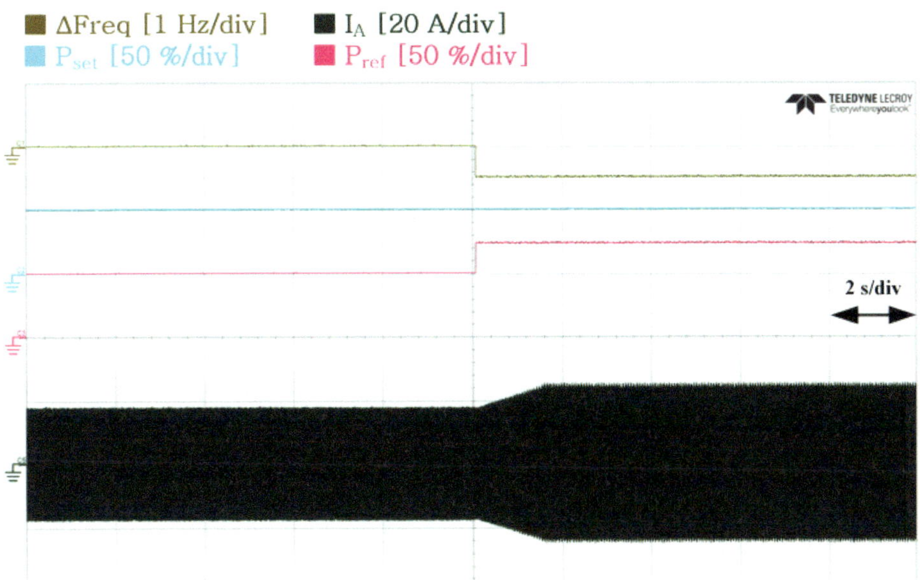

(a) 지령 유효전력이 정격전력의 50%인 경우

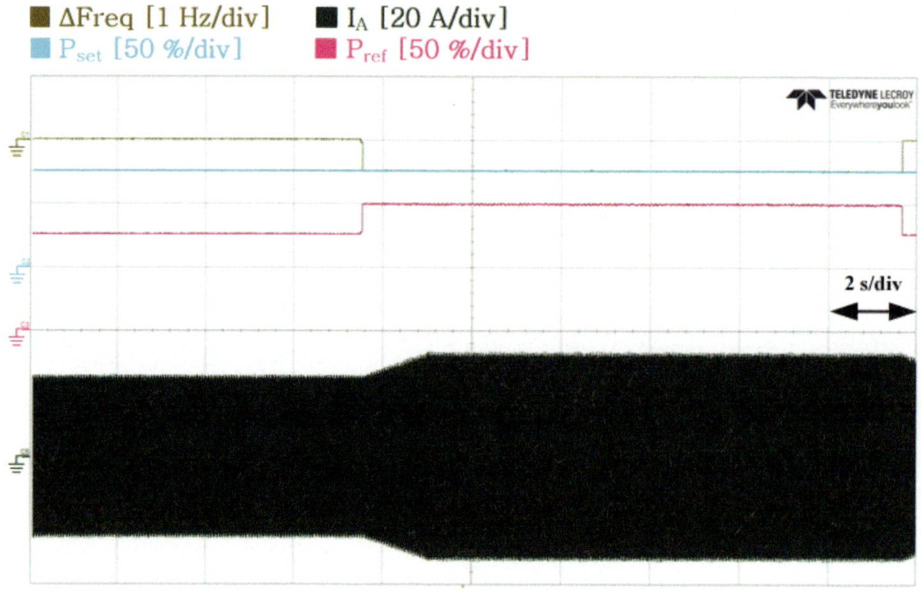

(b) 지령 유효전력이 정격전력의 75%인 경우

[그림 5.10] 저주파수 상황의 Frequency-Watt 제어 기능 실험 결과

계통 주파수가 고주파수 상황인 경우의 실험 결과는 [그림 5.11]과 같다. [그림 5.11(a)]와 [그림 5.11(b)]에서 초기 유효전력(P_{set})을 각각 50%, 75%로 설정한다. 계통 시뮬레이터를 통해 계통 주파수를 공칭 주파수 이상으로 증가시켜 지령 유효전력은 감소한다. 지령 유효전력 감소에 따라 계통 A상 전류도 감소된다. 고주파수 상황에서 주파수 변동에 따라 지령 유효전력이 감소하는 결과를 통하여 Frequency-Watt 제어 기능의 동작을 확인하였다.

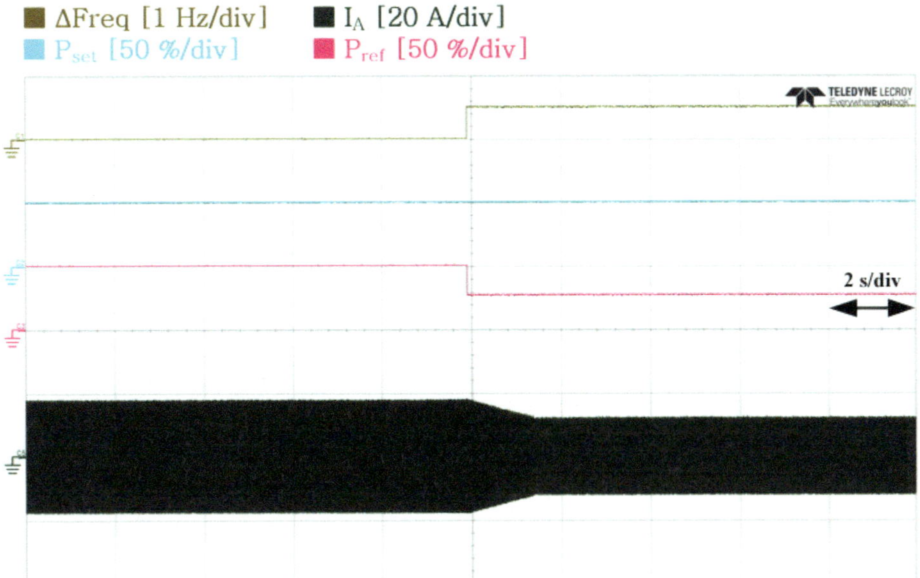

(a) 지령 유효전력이 정격전력의 50%인 경우

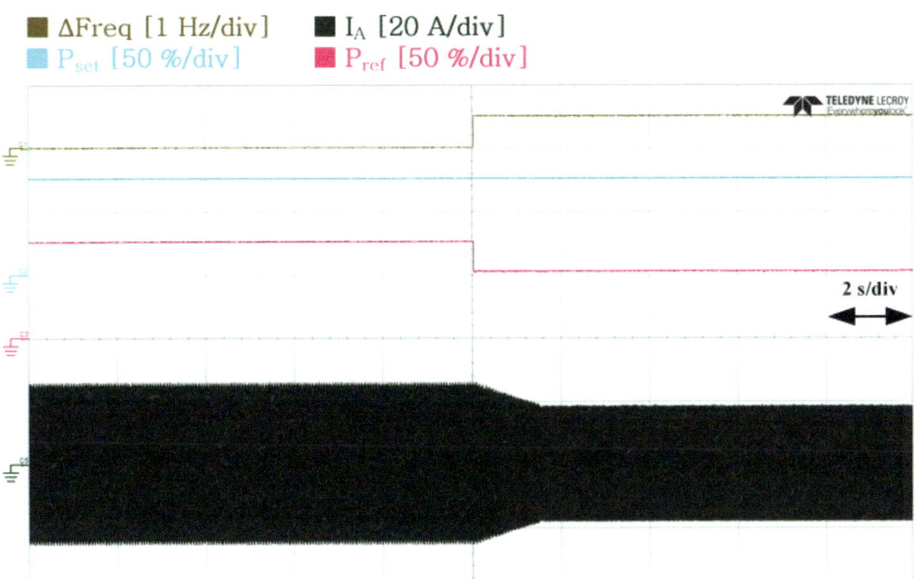

(b) 지령 유효전력이 정격전력의 75%인 경우

[그림 5.11] 고주파수 상황의 Frequency-Watt 제어 기능 실험 결과

5.5 참고문헌

[1] H. Kikusato, Taha Selim, Jun Hasimoto, Kenji Otani, Takayuki Nagakura, Yasutoshi Yoshioka, Ryo Maeda, and Kenjiro Mori, "Developing Power Hardware-in-the-Loop Based Testing Environment for Volt-VAR and Frequency-Watt Functions of 500 kW Photovoltaic Smart Inverter," *IEEE Access*, vol. 8, pp. 224135-224144, 2020.

[2] M. Datta and T. Senjyu, "Fuzzy Control of Distributed PV Inverters/Energy Storage Systems/Electric Vehicles for Frequency Regulation in A Large Power System," *IEEE Trans. Smart Grid*, vol. 4, no. 1, pp. 479-488, Mar. 2013.

[3] K.-Y. Song, *Power System Engineering*, Dongilbook, pp. 217-223., 2020, ISBN 978-89-381-1334-4.

[4] T. S. Ustun and Y. Aoto, "Analysis of Smart Inverter's Impact on the Distribution Network Operation," *IEEE Access*, vol. 7, pp. 9790-9804, 2019.

[5] Pacific Gas and Electric Co., Electric Rule No. 21, Generating Facility Interconnections, Filed with the CPUC, Jan. 20, 2015.

[6] J. Johnson, J. Neely, J. Delhotal, and M. Lave, "Photovoltaic Frequency-Watt Curve Design for Frequency Regulation and Fast Contingency Reserves," *IEEE J. Photovolt*, vol. 6, no. 6, pp. 1611-1618, Nov. 2016.

[7] B. Seal, "Common Functions for Smart Inverters," 4th ed., EPRI Palo Alto, CA, USA, EPRI Report 3002008217, Dec. 2016.

[8] S.-H. Lee, S. Cho, and K.-B. Lee, "Hardware Simulator for Frequency-Watt Control in Smart Inverters," *Trans. Korean. Inst. Elect. Eng.*, vol. 70, no. 7, pp. 999-1007, Jul. 2021.

Smart Inverter

CHAPTER 06

Low/High Voltage Ride-Through 기능

Chapter 06

Low/High Voltage Ride-Through 기능

본 절에서는 Low/High Voltage Ride-Through (L/HVRT) 기능을 소개한다. L/HVRT 기능은 연계점 전압(Vpcc)의 크기에 따라 분산전원과 계통 간의 연계를 유지하거나 탈락시킨다. L/HVRT 기능 곡선을 소개하고 시뮬레이션을 통해 L/HVRT 기능의 동작을 설명한다.

6.1 Low/High Voltage Ride-Through 기능의 필요성

최근 신재생 에너지원을 이용한 분산발전 시스템의 계통 연계가 증가함에 따라 계통의 안정성에 관한 다양한 연구가 진행 중이다. 계통 사고가 발생하는 경우, L/HVRT 기능은 급변하는 계통 전압에 따라 사고의 확산을 방지하고 안정적인 계통 운영을 지원한다. 분산전원의 비중이 낮은 환경에서 IEEE 1547 규정의 L/HVRT 설정은 적합하지만, 연계 용량과 부하 분담률이 증가하게 되면 추가적인 L/HVRT 설정이 필요하다. 분산전원에서 생성된 전력의 비중이 증가한 상태에서 계통 전압 관련 문제가 발생했을 때, 전력변환장치의 즉각적인 계통과의 탈락은 사고를 확산시킬 수 있다. 또한 전압 왜곡이 자주 발생하는 발전전력이 작은 소규모 또는 선로가 긴 시스템에서는 일시적인 전압 문제가 발생하면 일정 시간 동안 전력변환장치와 계통의 연계를 유지하는 것이 더 바람직하다.

따라서 다양한 상황에서 스마트 인버터 출력 제어 기능을 활용한 L/HVRT 기능의 유연성이 필요하고 중압 및 고전압 계통에서 L/HVRT 기능은 요구 사항이었지만 향후 필수 사항이 될 것으로 전망된다.

6.2 Low/High Voltage Ride-Through 기능 곡선

L/HVRT 기능 곡선은 연계점 전압에 따라 정상 전압 구간, 저전압 구간($LVRT_{Region}$), 과전압 구간($HVRT_{Region}$)으로 구분된다. 각 구간의 경계는 선형적으로 구분할 수 있다. 유연하고 다양한 상황에 대응하기 위해 곡선을 활용하여 각 구간의 경계를 정의하는 것도 가능하다. 유럽 표준의 L/HVRT 기능 제어 기능 곡선에는 1차 함수가 사용된다.

L/HVRT 기능은 구간에 따라 지속운전, 의무운전, 순간정지, 즉시정지 동작을 수행한다. 지속운전 동작은 계통으로부터 탈락하지 않고 연계를 유지한다. 의무운전 동작은 지령 유효 및 무효전력을 변경하지 않고 출력하며, 순간정지는 유효 및 무효전력을 출력하지 않는다. 두 운전은 설정된 시간만큼 계통과의 연계를 유지한다. 즉시정지 동작은 스마트 인버터와 계통으로부터의 탈락을 의미한다.

[그림 6.1]은 일반적인 L/HVRT 기능 곡선을 나타낸다. 연계점 전압에 따라 정상 전압 구간, 세 개의 저전압 구간, 두 개의 과전압 구간으로 분류한다. 정상 전압 구간에서는 지속운전 동작을 수행하고, 저전압 구간에서는 의무운전, 순간정지 동작을 수행하며 설정된 시간 이후에는 즉시정지 동작을 통하여 계통으로부터 탈락한다. 과전압 구간에서는 순간정지, 즉시정지 동작을 수행하여 추가적인 계통의 사고를 방지한다.

최대 탈락 시간은 스마트 인버터가 동작을 수행한 후 즉시정지 동작으로 변경되는데 걸릴 수 있는 시간이다. [그림 6.1]에서 연계점 전압이 1.5초 동안 0.4p.u.인 경우에는 순간정지와 즉시정지 구간을 모두 교차하게 된다. 이 경우에 스마트 인버터는 추가적인 사고를 방지하기 위해 즉시정지 동작을 우선순위로 수행한다.

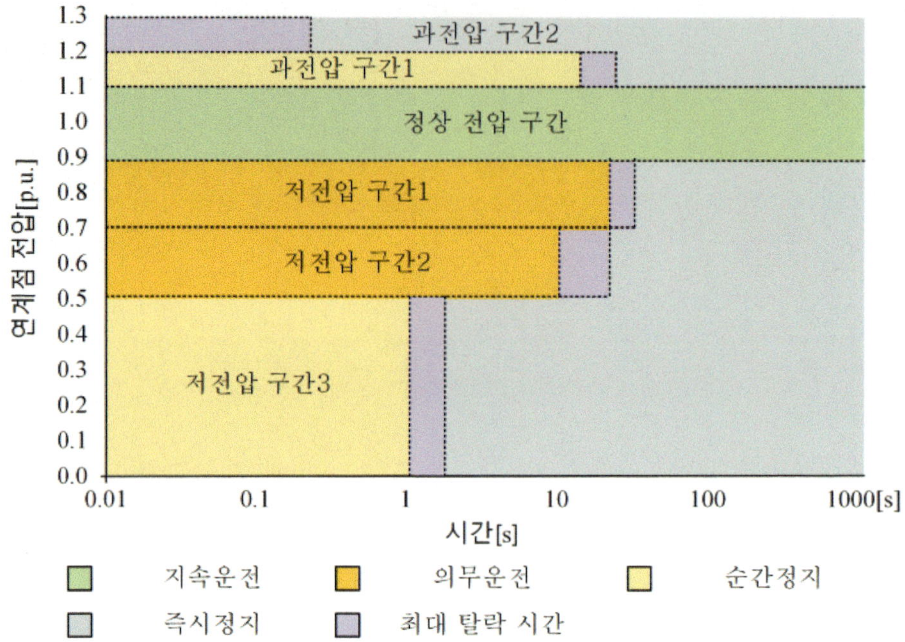

[그림 6.1] L/HVRT 기능 곡선

[표 6.1]은 [그림 6.1]에 사용한 L/HVRT 기능 곡선의 구성을 나타낸다. L/HVRT 기능 곡선의 배열(시간, 연계점 전압)은 스마트 인버터의 즉시정지 동작에만 영향을 준다.

[표 6.1] L/HVRT 기능 곡선의 구성

곡선	포인트
저전압 탈락	(1, 0), (1, 0.5), (10, 0.5), (10, 0.7), (20, 0.7), (20, 0.88)
과전압 탈락	(0, 1.2), (0, 1.3), (13, 1.2), (13, 1.1)

재연계와 관련된 파라미터는 [표 6.2]와 같고 [그림 6.2]는 시간과 관련된 파라미터(TDelayShort Reconnect, TWindowShortReconnect, TRamp ShortReconnect)를 활용한 재연계 곡선을 나타낸다.

[표 6.2] L/HVRT 기능의 재연계 관련 파라미터

이름	요약
VMaxReconnect	재연계 전, 연계점 전압은 해당 값보다 낮아야 한다.
VMinReconnect	재연계 전, 연계점 전압은 해당 값보다 높아야 한다.
TDelayShortReconnect	연계점 전압과 주파수는 아래의 파라미터 값을 만족하기 위해 재연계 전에 시간이 지연될 수 있다. – FMaxReconnect (L/HFRT 기능에서 정의) – FMinReconnect (L/HFRT 기능에서 정의) – VMaxReconnect – VMinReconnect
TWindowShortReconnect	연계점 전압이 VMaxReconnect, VMinReconnect 사이에 존재할 경우,재연계 전에 TDelayShortReconnect + Rnd(TWindowShortReconnect)만큼 대기한다.
TRampShortReconnect	스마트 인버터가 계통에 재연계된 후, 지령 유효전력을 TRampShortReconnect동안 초기 지령 유효전력으로 상승시킨다.

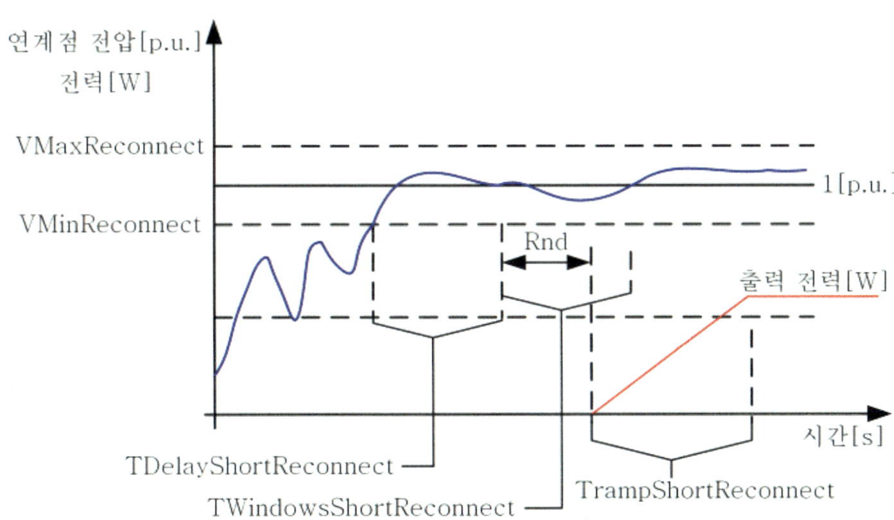

[그림 6.2] 시간과 관련된 파라미터를 활용한 재연계 곡선

6.3 시뮬레이션

L/HVRT 기능에 활용한 시뮬레이션 회로도와 운전 파라미터는 [그림 6.3]과 [표 6.3]과 같다. [그림 6.3]은 [그림 2.5]와는 다르게 연계점에 차단기를 설치하여 계통을 탈락시킬 수 있다. [그림 6.4]는 L/HVRT 기능을 모의한 시뮬레이션 코드를 나타낸다. 연계점 전압에 대한 구간과 구간별 동작은 조건문(if, switch)을 통해 구현한다.

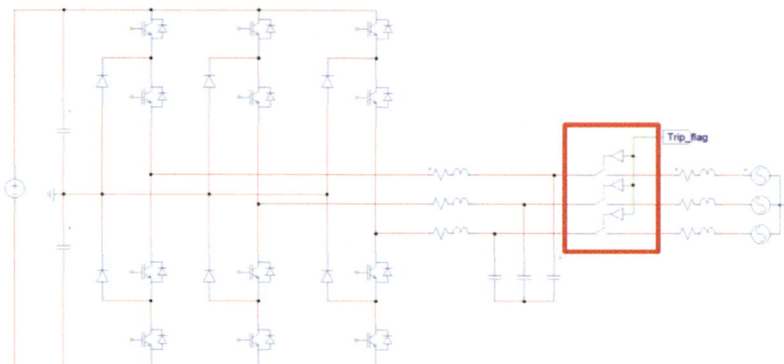

[그림 6.3] 시뮬레이션 회로도

[표 6.3] 시뮬레이션 파라미터

파라미터	값
정격전력	10kW
계통 선간 전압	$380V_{rms}$
계통 공칭 주파수	60Hz
초기 지령 유효전력	정격전력의 50%
과전압 구간2	1.2p.u. ≤ Vpcc
과전압 구간1	1.1p.u.< Vpcc ≤ 1.2p.u.
정상전압 구간	0.88p.u.< Vpcc ≤ 1.1p.u.
저전압 구간1	0.70p.u.< Vpcc ≤ 0.88p.u.
저전압 구간2	0.50p.u.< Vpcc ≤ 0.70p.u.
저전압 구간3	Vpcc < 0.50p.u.
과, 저전압 구간1의무운전 시간	0.05초

```
void Low/HIgh_Voltage_Ride_Through() {
    Uint16 wTmp0;
    Pref = Pset;

    if (Vpcc >= 100) {LHVRT_Region = 1;}
    else LHVRT_Region = 2;
    if (LHVRT_Region == 1) {
        if (Vpcc >= 120) {HVRT_Region = 2;}
        else if (110 < Vpcc && Vpcc < 120) {HVRT_Region = 1;}
        else if (88 <= Vpcc && Vpcc <= 110) {HVRT_Region = 0;}
        switch (HVRT_Region) {
            case 0:
                wTmp0 = 0;
                Pref = Pref;
                Qref = 0.;
                HV_Region_1_cnt = 0;
                LV_Region_1_cnt = 0;
                LV_Region_2_cnt = 0;
                LV_Region_3_cnt = 0;
                flags.HVRT = FALSE;
                flags.LVRT = FALSE;
           break;

           case 1:
               Pref = 0.;
               Qref = 0.;
               wTmp0 = 0;
               HV_Region_1_cnt++;
               if (HV_Region_1_cnt >= 500) {
```

```
            wTmp0 = 1;
            flags.HVRT = TRUE;}
        break;

        case 2:
            Pref = 0.;
            Qref = 0.;
            wTmp0 = 1;
            flags.HVRT = TRUE;
        break;}}

if (LHVRT_Region == 2) {
    if (88 <= Vpcc && Vpcc <= 110) {LVRT_Region = 0;}
    else if (70 <= Vpcc && Vpcc < 88) {LVRT_Region = 1;}
    else if (50 <= Vpcc && Vpcc < 70) {LVRT_Region = 2;}
    else if (Vpcc < 50) {LVRT_Region = 3;}

    switch (LVRT_Region) {
        case 0:
            wTmp0 = 0;
            Pref = Pref;
            Qref = 0.;
            HV_Region_1_cnt = 0;
            LV_Region_1_cnt = 0;
            LV_Region_2_cnt = 0;
            LV_Region_3_cnt = 0;
            flags.HVRT = FALSE;
            flags.LVRT = FALSE;
        break;
```

```
        case 1:
            Pref = Pref;
            Qref = 0.;
            LV_Region_1_cnt++;
            if (LV_Region_1_cnt >= 500) {
                wTmp0 = 1;
                flags.LVRT = TRUE;}
        break;

        case 2:
            Pref = Pref;
            Qref = 0.;
            LV_Region_2_cnt++;
            if (LV_Region_2_cnt >= 500) {
                wTmp0 = 1;
                flags.LVRT = TRUE;}
        break;

        case 3:
            Pref = 0.;
            Qref = 0.;
            LV_Region_3_cnt++;
            if (LV_Region_3_cnt >= 500) {
                wTmp0 = 1;
                flags.LVRT = TRUE;}
        break;}}

    if (wTmp0 == 1) {
```

```
    Pref = 0;
    Qref = 0;}
else
    Pref = Pref;
    Qref = Qref;}
```

[그림 6.4] L/HVRT 기능을 모의한 시뮬레이션 코드

[그림 6.5]는 저전압 상황에서의 L/HVRT 기능 시뮬레이션 결과이다. 연계점 전압에 따라 저전압 구간을 구분하며 이는 두 번째 파형으로 나타낸

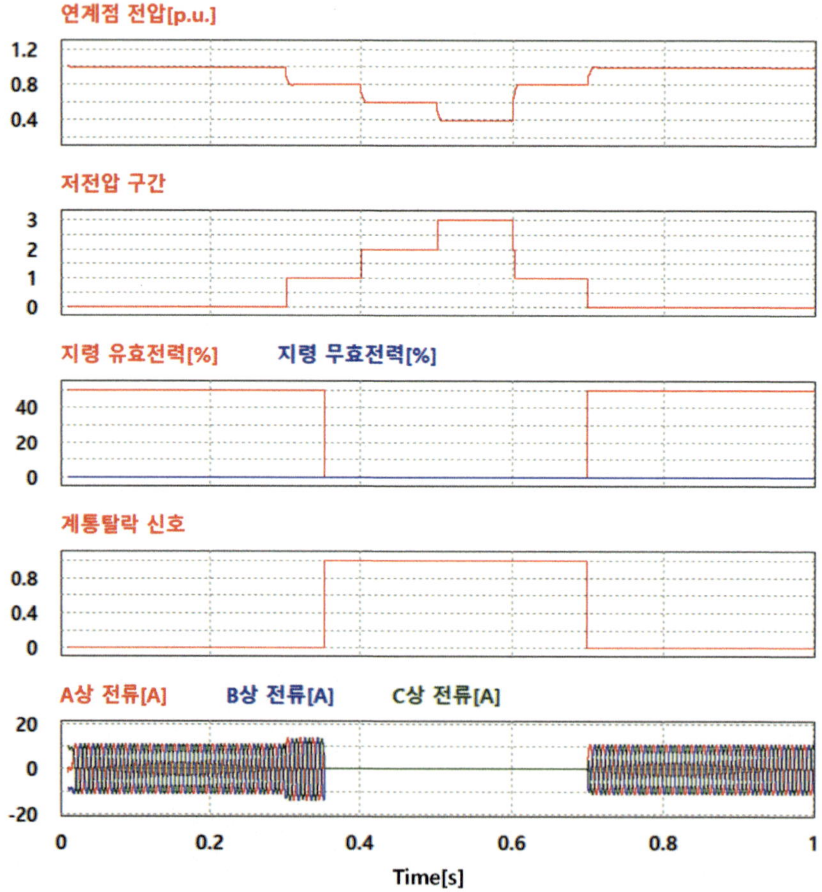

[그림 6.5] 저전압 상황에서의 L/HVRT 기능 시뮬레이션 결과

다. 연계점 전압이 0.3초에서 저전압 구간1에 해당하는 값으로 변화한다. 0.05초 동안 의무운전을 수행하고 연계점 전압이 감소함에 따라 3상 출력전류는 증가한다. 의무운전을 수행한 후에 계통탈락 신호가 활성화되고 연계점에 설치한 차단기가 개방되어 스마트 인버터는 계통으로부터 분리된다. 따라서 3상 출력전류는 흐르지 않는다. 0.7초에 연계점 전압이 다시 1p.u.로 복귀됨에 따라 계통탈락 신호는 비활성화되고 스마트 인버터는 계통과 재연계된다.

과전압 상황에서의 L/HVRT 기능 시뮬레이션 결과는 [그림 6.6]과 같다. 0.3초에서 연계점 전압이 증가하여 과전압 구간1로 변경된다. 지령 유효전

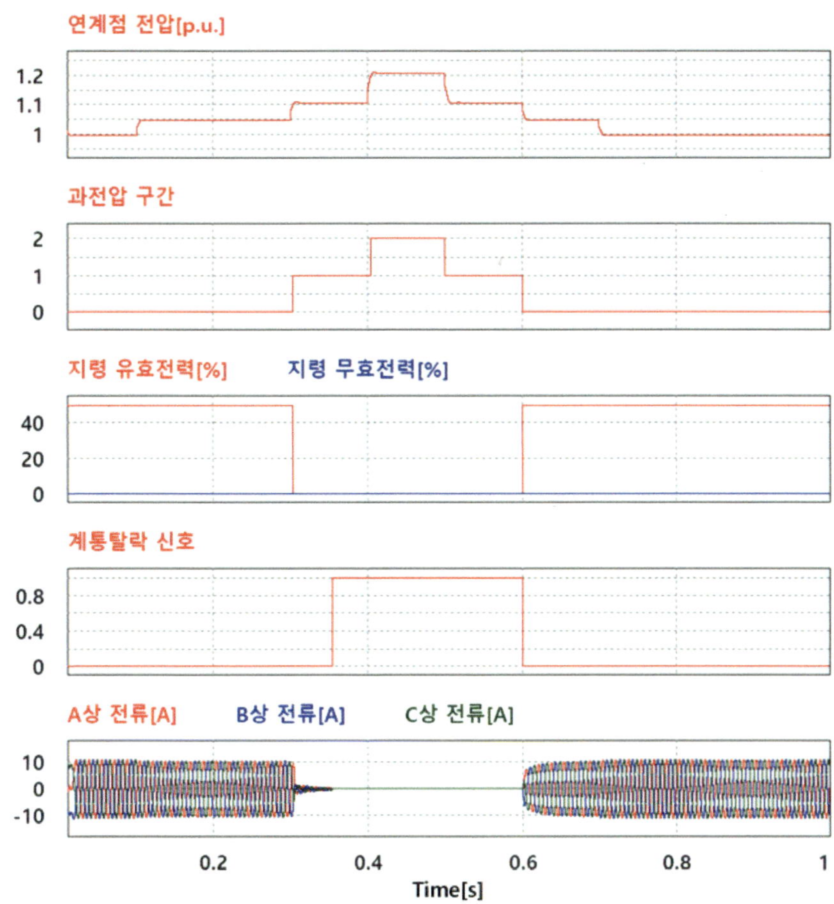

[그림 6.6] 과전압 상황의 L/HVRT 기능 시뮬레이션 결과

력은 0%가 되며 스마트 인버터는 0.05초 동안 계통과의 연계를 유지한다. 계통탈락 신호가 활성화되어 1로 변경되고 스마트 인버터는 계통으로부터 탈락한다. 0.6초에 연계점 전압이 정상 전압 구간으로 복귀되어 계통탈락 신호가 0이 되고 지령 유효전력은 초기 지령 유효전력으로 복귀된다.

6.4 실험

L/HVRT 기능의 실험은 [그림 2.11]과 같은 환경에서 수행한다. [표 6.3]을 참고하여 L/HVRT 기능의 전압 구간을 분류하고 구간별 운전 동작은 [표 6.4]로 설정한다.

[표 6.4] 구간별 운전 동작

파라미터	값
과전압 구간2	즉시 탈락
과전압 구간1	10초 동안 순간정지 후 탈락
정상전압 구간	계통 연계 지속
저전압 구간1	20초 동안 의무운전 후 탈락
저전압 구간2	10초 동안 의무운전 후 탈락
저전압 구간3	1초 동안 순간정지 후 탈락

계통 시뮬레이터를 통해 연계점 전압의 변동을 모의한다. [그림 6.7]과 [그림 6.8]은 저전압과 과전압 상황의 L/HVRT 기능 실험 결과를 나타낸다. [그림 6.7(a)]에서 연계점 전압을 0.8p.u.로 감소시킨다. 이는 저전압 구간1에 해당하고 스마트 인버터는 20초 동안 지령 유효전력을 유지하는 의무운전을 수행한다. 연계점 전압이 감소함에 따라 지령 유효전력으로 운전하기 위해 출력전류는 증가한다. 계통탈락 신호($Singal_{sep.}$)는 활성화되고 스마트 인버터는 계통으로부터 탈락한다. 1p.u.로 복귀된 연계점 전압이 5초 동안 유지되어 스마트 인버터는 연계점 전압을 정상 전압 구간으로 판단한다. 이에 따라 계통 탈락 신호는 비활성화되고 스마트 인버터는 계통과 재연계된다.

[그림 6.7(b)]에서 계통 시뮬레이터를 이용하여 연계점 전압을 0.6p.u.로 감소시킨다. 이 값은 저전압 구간2에 해당하여 스마트 인버터는 10초 동안 의무운전을 수행한다. 의무운전 이후에도 연계점 전압이 정상 전압 구간으로 복귀되지 못해 스마트 인버터는 계통으로부터 탈락한다. 연계점 전압이 정상 전압 구간으로 복귀되어 스마트 인버터는 계통과 재연계된다.

연계점 전압을 0.4p.u.로 감소시킨 경우의 실험 결과는 [그림 6.7(c)]와 같다. 연계점 전압은 저전압 구간3에 해당하여 스마트 인버터는 순간정지 동작을 1초 동안 수행한 후에 계통으로부터 탈락한다. 스마트 인버터는 저전압 상황에서 구간에 따라 운전 및 재연계되며 이를 통하여 L/HVRT 기능의 동작을 확인하였다.

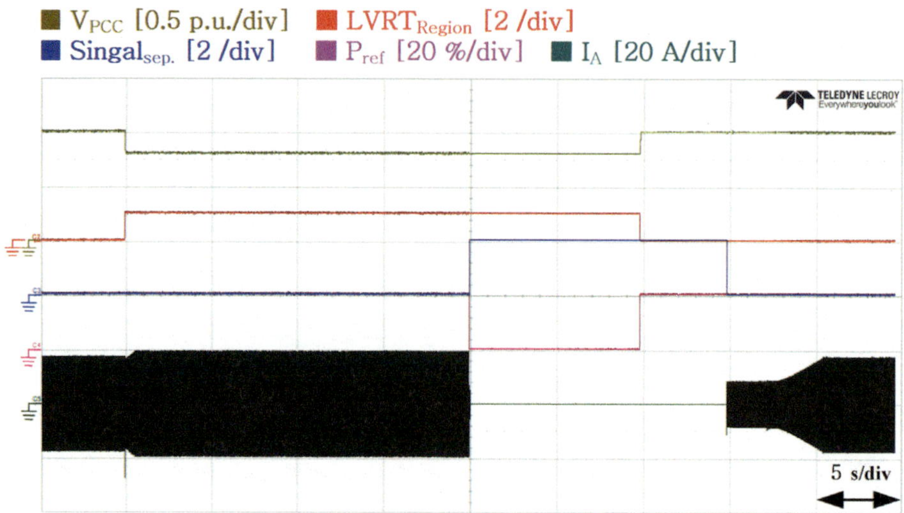

(a) $LVRT_{Region}$ = 1

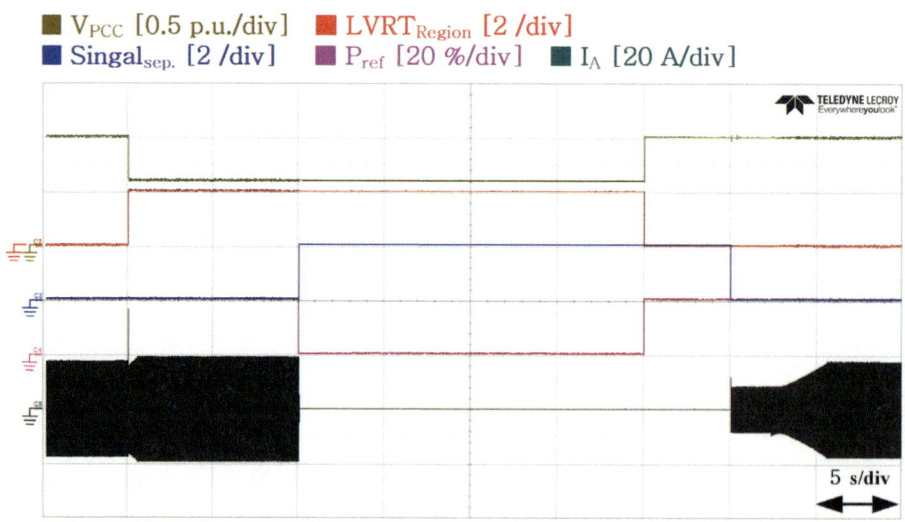

(b) $LVRT_{Region}$ = 2

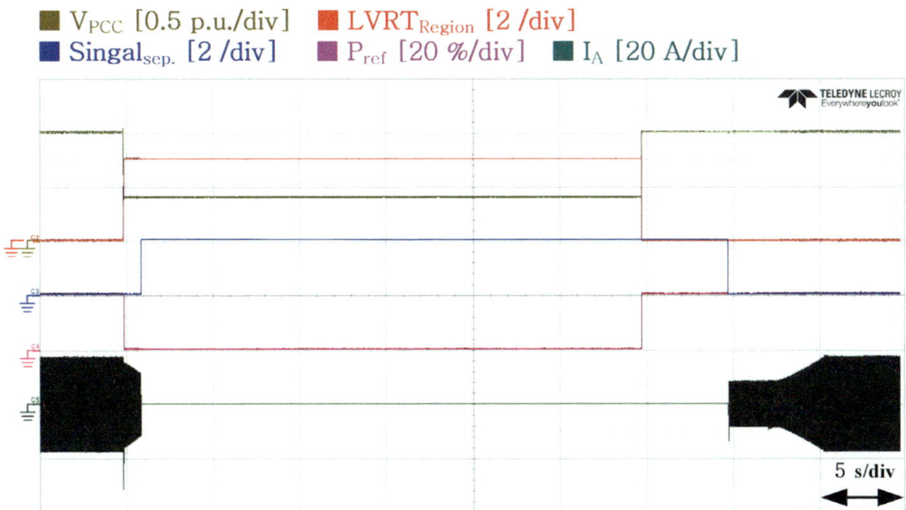

(c) $LVRT_{Region}$ = 3

[그림 6.7] 저전압 상황의 L/HVRT 기능 실험 결과

[그림 6.8(a)]에서 연계점 전압을 1p.u.에서 1.1p.u.로 증가시킨다. 1.1p.u.는 과전압 구간1에 해당하여 스마트 인버터는 10초 동안 순간정지 동작을 수행한다. 이후 계통탈락 신호가 활성화되어 1로 변경되며 스마트 인버터는 계통으로부터 탈락한다. [그림 6.7]의 경우와 같이 연계점 전압을 정상 전압 구간으로 복귀시켜 재연계 동작을 확인한다.

연계점 전압을 과전압 구간2에 해당하는 1.2p.u.로 증가시킨 경우의 결과는 [그림 6.8(b)]와 같다. 과전압 구간2의 운전동작에 따라 스마트 인버터는 즉시정지 동작을 수행한다. 과전압 상황에서 스마트 인버터의 의무운전과 즉시정지 동작을 통하여 L/HVRT 기능을 확인하였다.

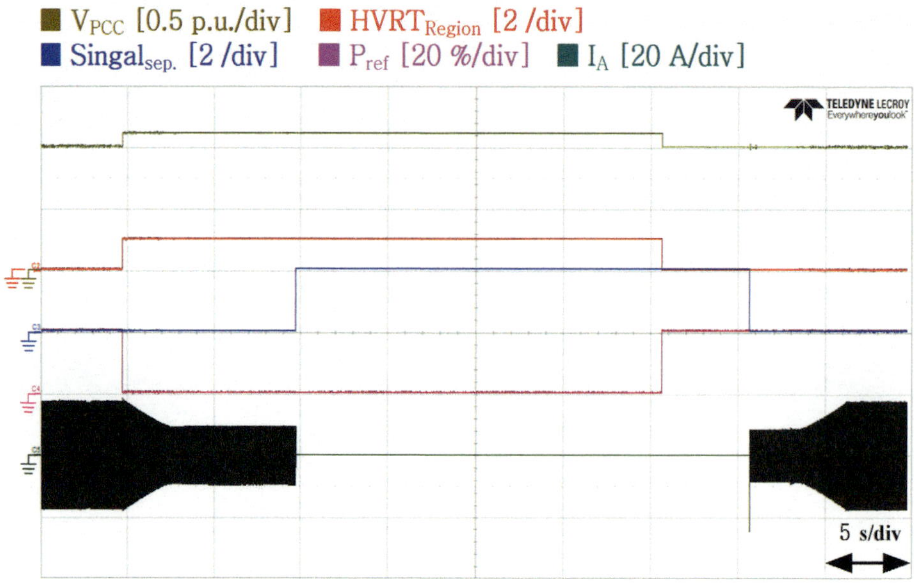

(a) $HVRT_{Region}$ = 1

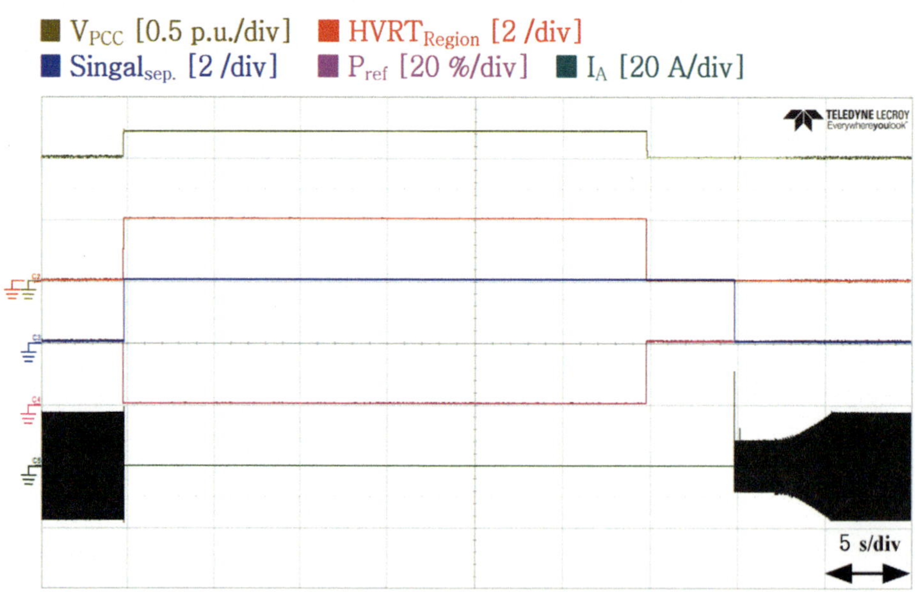

(b) $HVRT_{Region}$ = 2

[그림 6.8] 과전압 상황의 L/HVRT 기능 실험 결과

6.5 참고문헌

[1] Y. Bak, J.-S. Lee, and K.-B. Lee, "Low-Voltage Ride-Though Control Strategy for A Grid-Connected Energy Storage System," *IEEE Trans. Appl. Sci.*, vol. 8, no. 1-18, Jan. 2018.

[2] Y. Zhang, J. Wang, H. Li, T. Q. Zheng, J.-S. Lai, J. Li, J. Wang, and Q. Chen, "Dynamic Performance Improving Sliding-Mode Control-Based Feedback Linearization for PV System Under LVRT Condition," *IEEE Trans. Power Electron.*, vol. 35, no. 11, pp. 11745-11757, Nov. 2020.

[3] P. Salyani, K. Zare, M. Abapour, A. Safari, and M. Shafie-Khah, "A General Mathematical Model for LVRT Capability Assessment of DER-Penetrated Distribution Networks," *IEEE Access*, vol. 8, pp. 125521-125533, 2020.

[4] G. Sun, Y. Li, W. Jin, S. Li, and Y. Gao, "A Novel Low Voltage Ride-Through Technique of Three-Phase Grid-connected Inverters Based on A Nonlinear Phase-Locked Loop," *IEEE Access*, vol. 7, pp. 66609-66622, 2019.

[5] L. Chen, H. Chen, J. Yang, L. Zhu, Y. Tang, L. H. Koh, Y. Xu, C. Zhang, Y. Liao, and L. Ren, "Comparison of Superconducting Fault Current Limiter and Dynamic Voltage Restorer for LVRT Improvement of High Penetration Microgrid," *IEEE Trans. Appl. Supercond.*, vol. 27, no. 4, pp. 1-7, Jun. 2017.

[6] M. Dietmannsberger, F. Grumm, and D. Schulz, "Simultaneous Implementation of LVRT Capability and Anti-islanding Detection in Three-Phase Inverters Connected to Low-Voltage Grids," *IEEE Trans. Energy Convers.*, vol. 32, no. 2, pp. 505-515, Jun. 2017.

[7] B. Seal, "Common Functions for Smart Inverters," 4th ed., EPRI Palo Alto, CA, USA, EPRI Report 3002008217, Dec. 2016.

Smart Inverter

CHAPTER 07

Low/High Frequency Ride-Through 기능

Chapter 07

Low/High Frequency Ride-Through 기능

본 절에서는 Low/High Frequency Ride-Through (L/HFRT) 기능을 소개한다. L/HFRT 기능은 계통 주파수에 따라 계통과 스마트 인버터의 연계를 유지하거나 탈락시킨다. L/HFRT 기능 곡선을 소개하고 시뮬레이션을 통해 L/HFRT 기능의 동작을 설명한다.

7.1 Low/High Frequency Ride-Through 기능 곡선

L/HFRT 기능은 계통 주파수에 따라 정상 주파수 구간, 고주파수 구간 ($HFRT_{Region}$), 저주파수 구간($LFRT_{Region}$)으로 분류한다. 일반적인 L/HFRT 기능 곡선의 구간은 1차 함수로 설정할 수 있다. 유럽 표준의 L/HFRT 기능 곡선은 계통의 다양한 상황에서 적용하기 위해 곡선으로 설정해야 한다.

L/HFRT 기능 동작은 L/HVRT 기능 동작과 다르게 순간정지 동작이 존재하지 않는다는 것이다. 계통 주파수 구간에 따라 지속운전, 의무운전, 즉시정지 동작을 수행하여 계통과의 연계를 유지하거나 탈락을 결정한다.

일반적인 L/HFRT 기능 곡선은 [그림 7.1]과 같다. 계통 주파수에 따라 정상 주파수 구간, 두 개의 저주파수 구간, 두 개의 고주파수 구간으로 분류한다. 정상 주파수 구간에서는 지속운전을 수행하고, 저주파수 구간에서는 의무운전과 즉시정지 동작을 수행한다. 고주파수 구간에서도 저주파수 구간에서와 마찬가지로 의무운전과 즉시정지 동작을 수행한다. 스마트 인버터는 설정된 시간만큼 의무운전을 수행한 후에 계통으로부터 탈락한다. L/HFRT 기능의 최대 탈락 시간의 의미는 L/HVRT 기능에서 사용된 의미와 같다.

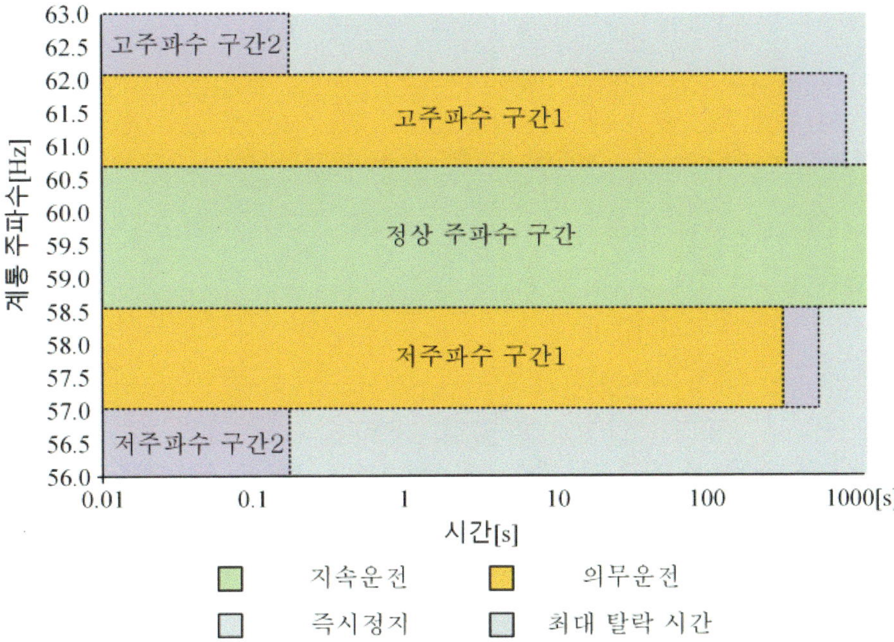

[그림 7.1] L/HFRT 기능 곡선

[그림 7.1]에서 설정한 L/HFRT 기능 곡선의 구성은 [표 7.1]과 같다. L/HFRT 기능 곡선은 배열(시간, 계통 주파수)을 활용하며 스마트 인버터의 즉시정지 동작에만 영향을 준다.

[표 7.1] L/HFRT 기능 곡선의 구성

구간	배열
저주파수	(0.16, 56), (0.16, 57), (180, 57), (180, 58.5)
고주파수	(0.16, 62), (0.16, 63), (180, 60.5), (180, 62)

L/HFRT 기능의 재연계와 관련된 파라미터는 [표 7.2]와 같으며 두 가지 설정 외에도 재연계 동작은 6.2 절에 나타낸 [표 6.2]의 파라미터를 통해 관리된다. 시간과 관련된 파라미터(TDelayShortReconnect, TWindow ShortReconnect, TRampShortReconnect)를 활용한 재연계 곡선은 [그림 7.2]와 같다.

[표 7.2] L/HFRT 기능의 재연계와 관련된 파라미터

이름	요약
FMaxReconnect	재연계 전, 계통 주파수는 해당 값보다 낮아야 한다.
FMinReconnect	재연계 전, 계통 주파수는 해당 값보다 높아야 한다.

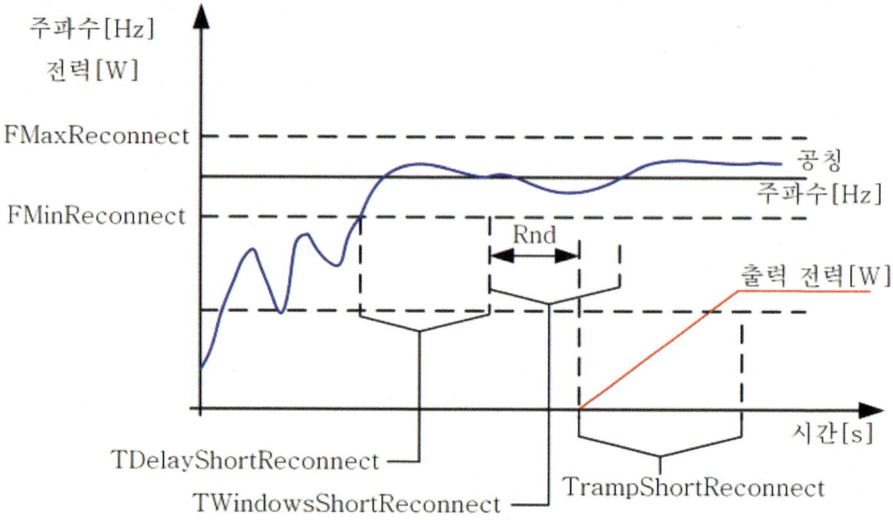

[그림 7.2] 재연계와 관련된 파라미터를 활용한 L/HFRT 기능 곡선

7.2 시뮬레이션

L/HFRT 기능의 시뮬레이션에 활용한 회로도는 [그림 6.3]과 같고 운전 파라미터는 [표 7.3]과 같다. 계통 주파수(Freq)의 변화에 따라 저주파수, 고주파수 영역에서 L/HFRT 기능의 시뮬레이션을 수행한다. 지령 유효전력은 정격전력의 50%와 100%로 설정한다. [그림 7.3]은 L/HFRT 기능을 모의한 시뮬레이션 코드를 나타낸다. 저주파수 구간과 고주파수 구간은 조건문(if)을 통하여 분류하고, 구간별 동작은 조건문(switch)으로 구현한다. 지령 유효전력(P_{ref})은 Frequency-Watt 제어의 지령 유효전력을 사용하거나 직접 설정할 수 있다. 해당 시뮬레이션은 Frequency-Watt 제어 기능을 기반으로 수행한다.

[표 7.3] 시뮬레이션 파라미터

파라미터	값
정격전력	10kW
계통 선간 전압	$380V_{rms}$
계통 공칭 주파수	60Hz
초기 지령 유효전력	50%/100%
고주파수 구간2	62Hz ≤ Freq
고주파수 구간1	60.5Hz < Freq < 62Hz
정상주파수 구간	58.5Hz ≤ Freq ≤ 60.5Hz
저주파수 구간1	57Hz ≤ Freq < 58.5Hz
저주파수 구간2	Freq < 57Hz
과, 저주파수 구간1 의무 운전 시간	2.99s
저주파수 구간2 의무 운전 시간	0.016s

```
void Low/HIgh_Frequency_Ride_Through() {
    Uint16 wTmp0;
    Pref = Pset;

    if (Freq >= 60) {LHFRT_Region = 1;}
    else LHFRT_Region = 2;
    if (LHFRT_Region == 1) {
        if (Freq >= 62) {HFRT_Region = 2;}
        else if (60.5 < Freq && Freq < 62) {HFRT_Region = 1;}
        else if (58.5 <= Freq && Freq <= 60.5) {HFRT_Region =
0;}
        switch (HFRT_Region) {
            case 0:
                wTmp0 = 0;
                Pref = Pref;
                Qref = 0.;
                HF_Region_1_cnt = 0;
                LF_Region_1_cnt = 0;
                LF_Region_2_cnt = 0;
                flags.HFRT = FALSE;
                flags.LFRT = FALSE;
            break;

            case 1:
                Pref = 0.;
                Qref = 0.;
                wTmp0 = 0;
                HF_Region_1_cnt++;
```

```
          if (HF_Region_1_cnt >= 29900) {
              wTmp0 = 1;
              flags.HFRT = TRUE;}
      break;

      case 2:
          Pref = 0.;
          Qref = 0.;
          wTmp0 = 1;
          flags.HFRT = TRUE;
      break;}}

if (LHFRT_Region == 2) {
    if (58.5 <= Freq && Freq <= 60.5) {LFRT_Region = 0;}
    else if (57 <= Freq && Freq < 58.5) {LFRT_Region = 1;}
    else if (Freq < 57) {LFRT_Region = 2;}
    switch (LFRT_Region) {
      case 0:
          wTmp0 = 0;
          Pref = Pref;
          Qref = 0.;
          HF_Region_1_cnt = 0;
          LF_Region_1_cnt = 0;
          LF_Region_2_cnt = 0;
          flags.HFRT = FALSE;
          flags.LFRT = FALSE;
      break;
```

```
        case 1:
            Pref = Pref;
            Qref = 0.;
            LF_Region_1_cnt++;
            if (LF_Region_1_cnt >= 29900) {
                wTmp0 = 1;
                flags.LFRT = TRUE;}
        break;

        case 2:
            Pref = Pref;
            Qref = 0.;
            LF_Region_2_cnt++;
            if (LF_Region_2_cnt >= 160) {
                wTmp0 = 1;
                flags.LFRT = TRUE;}
        break;}}

    if (wTmp0 == 1) {
        Pac_Cmd = 0;
        Qac_Cmd = 0;}
    else
        Pac_Cmd = Pref;
        Qac_Cmd = Qref;}
```

[그림 7.3] L/HFRT 기능을 모의한 시뮬레이션 코드

[그림 7.4]는 저주파수 상황의 L/HFRT 기능 시뮬레이션 결과이다. [그림 7.4(a)]는 지령 유효전력이 정격전력의 50%인 경우이며, 첫 번째 파형을 통하여 계통 주파수의 시간에 따른 변화를 확인한다. 계통 주파수가 58.5Hz 이하로 감소하면 지령 유효전력은 Frequency-Watt 제어 기능에

의해 증가한다. 계통 주파수가 저주파수 구간1에 해당하는 동안 지령 유효전력은 일정값을 유지하며 0.4초에 계통 주파수가 57Hz 이하로 감소하면 저주파수 구간2로 변경된다. 저주파수 구간2에서는 설정한 최대 탈락 시간인 0.016초 동안 계통 연계가 유지되며, 이후에 계통탈락 신호가 활성화되어 스마트 인버터는 계통으로부터 탈락한다. 연계점에 설치된 차단기의 개방으로 3상 출력전류가 흐르지 않는다.

지령 유효전력이 정격전력의 100%인 경우의 시뮬레이션 결과는 [그림 7.4(b)]와 같다. [그림 7.4(a)]와의 차이점은 지령 유효전력이 정격 전력의 제한으로 계통 주파수의 감소에 따른 지령 유효전력의 변동이 없다는 점이다. 0.4초에 계통 주파수가 저주파수 구간2에 해당하여 0.016초 이후 스마트 인버터는 계통으로부터 탈락된다.

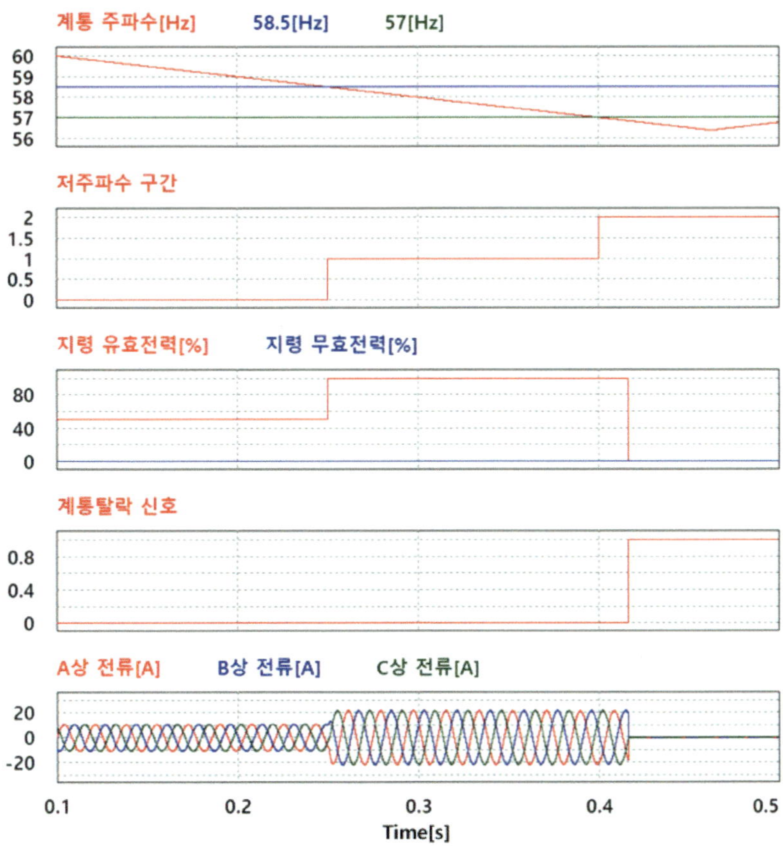

(a) 지령 유효전력이 정격전력의 50%인 경우

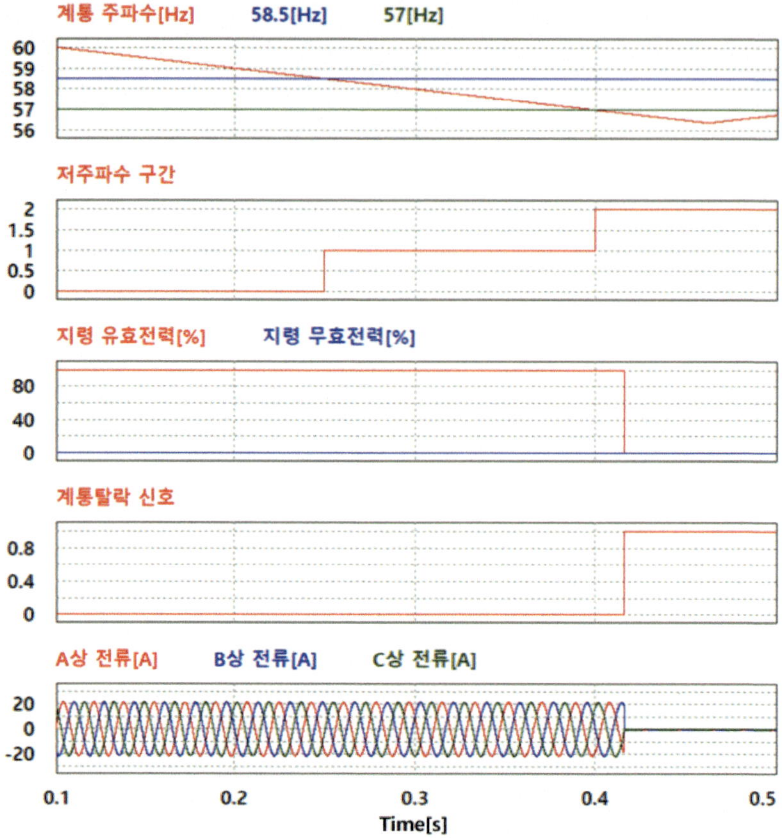

(b) 지령 유효전력이 정격전력의 100%인 경우

[그림 7.4] 저주파수 상황의 L/HFRT 기능 시뮬레이션 결과

[그림 7.5]는 고주파수 상황의 L/HFRT 기능 시뮬레이션 결과를 나타낸다. [그림 7.5(a)]의 지령 유효전력은 정격전력의 50%이다. 두 번째 파형에서 알 수 있듯이 계통 주파수가 60.5Hz 이상으로 증가하면, 고주파수 구간 1에 해당하여 지령 유효전력이 감소한다. 계통 주파수가 정상 주파수 구간으로 복귀되면 지령 유효전력은 기존 설정값으로 증가한다. 0.45초 이후에는 고주파수 구간2로 변경되어 최대 탈락 시간 이후에 스마트 인버터는 계통으로부터 탈락한다.

지령 유효전력이 정격전력의 100%인 경우의 시뮬레이션 결과는 [그림 7.5(b)]와 같다. 지령 유효전력이 50%인 경우와는 다르게 고주파수 구간에서의 지령 유효전력이 0%까지 감소하지 않는다. 계통 주파수의 변동에 따라 지령 유효전력과 3상 출력전류는 변화한다.

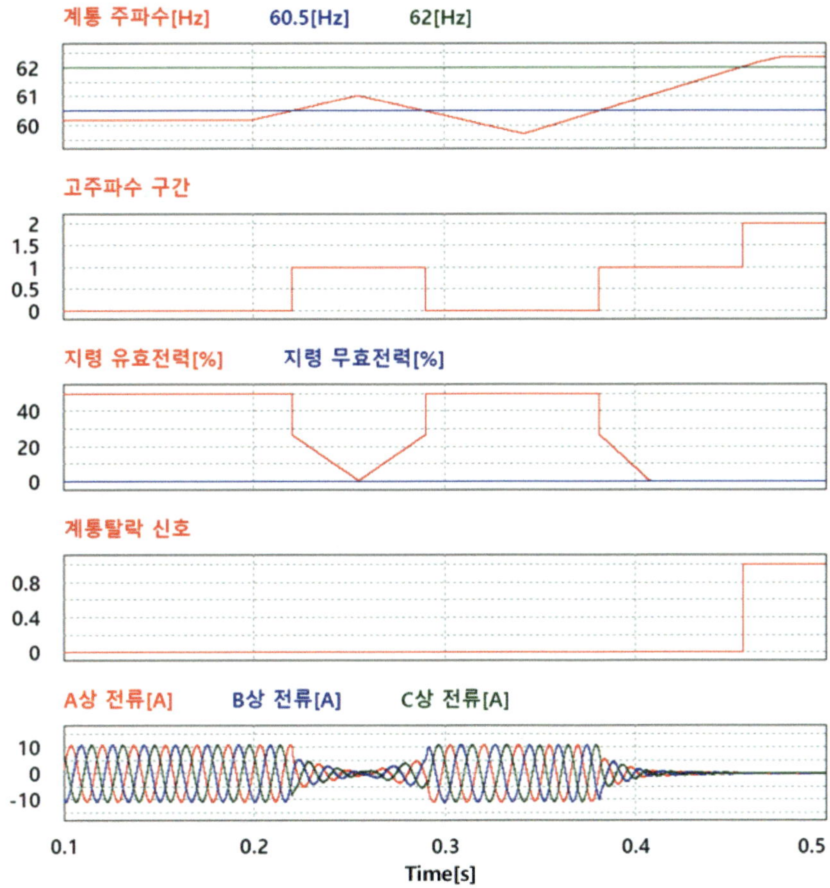

(a) 지령 유효전력이 정격전력의 50%인 경우

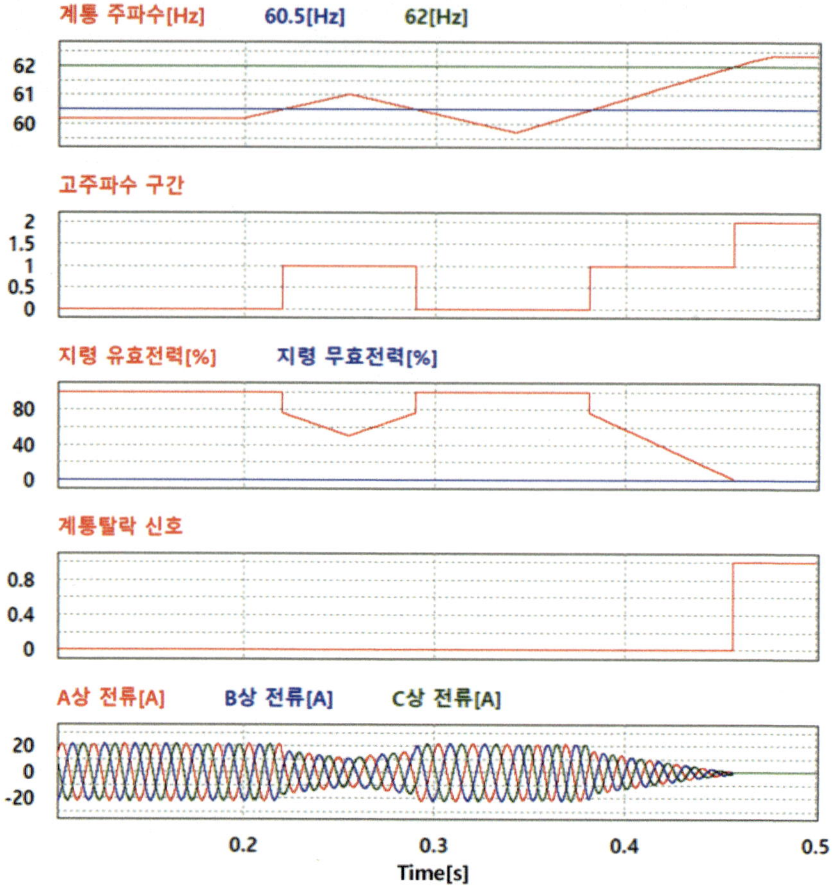

(b) 지령 유효전력이 정격전력의 100%인 경우

[그림 7.5] 고주파수 상황의 L/HFRT 기능 시뮬레이션 결과

7.3 실험

[그림 2.11]과 같은 환경에서 L/HFRT 기능의 실험을 진행한다. L/HFRT 기능의 주파수 구간은 [표 7.3]을 참고하고 [표 7.4]를 활용하여 구간별 운전 동작을 설정한다.

[표 7.3] 구간별 운전 동작

구간	운전 동작
정상 주파수 구간	계통 연계 지속
저주파수 구간1	30초 동안 의무운전 후 탈락
저주파수 구간2	즉시 정지
고주파수 구간1	30초 동안 의무운전 후 탈락
고주파수 구간2	즉시 정지

[그림 7.6]은 저주파수 상황의 L/HFRT 기능 실험 결과를 나타낸다. [그림 7.6(a)]에서 저주파수 구간1에 해당하는 계통 주파수(Freq)인 58Hz로 감소시킨다. 이에 따라 ΔFreq는 2Hz가 된다. 저주파수 구간1에서 스마트 인버터는 30초 동안 의무운전을 수행한다. 의무운전이 수행된 후에도 계통 주파수가 저주파수 구간1에 해당하여 스마트 인버터는 계통으로부터 탈락한다. 탈락한 이후에 계통 시뮬레이터를 이용하여 계통 주파수를 60Hz로 증가시킨다. 정상 주파수 구간으로 복귀 되었을 때 스마트 인버터는 계통과의 재연계 동작을 수행한다.

계통 시뮬레이터를 통하여 변경된 주파수가 저주파수 구간2에 해당하는 경우의 실험 결과는 [그림 7.6(b)]와 같다. 스마트 인버터는 최대 탈락 시간 동안 계통 연계를 유지하고, 이후에는 계통으로부터 탈락한다. 계통 주파수를 정상 주파수 구간으로 복귀시켜 스마트 인버터는 계통과 재연계된다. L/HFRT 기능의 실험을 통해 저주파수 구간별 스마트 인버터의 동작을 확인하였다.

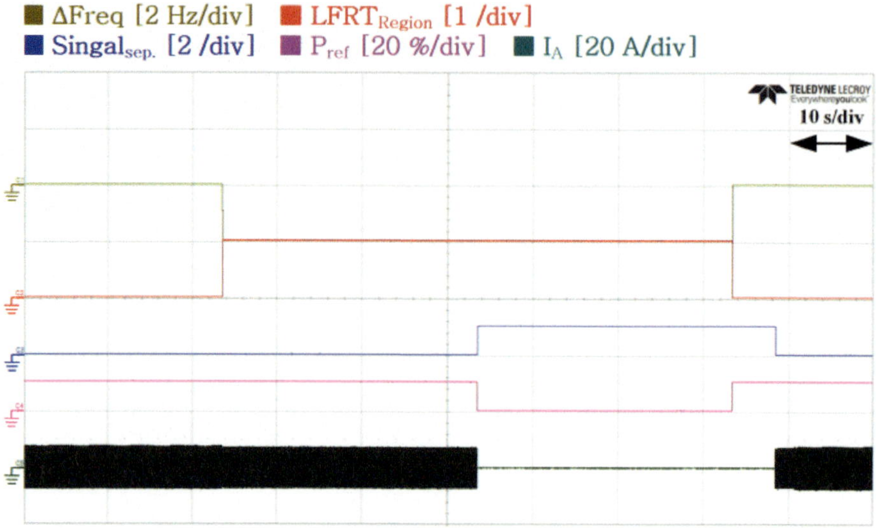

(a) $LFRT_{Region}$ = 1

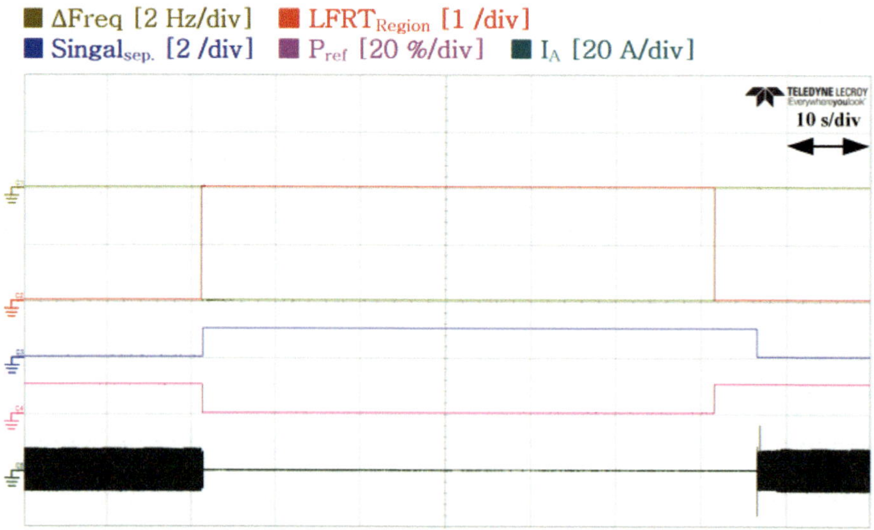

(b) $LFRT_{Region}$ = 2

[그림 7.6] 저주파수 상황의 L/HFRT 기능 실험 결과

고주파수 상황의 L/HFRT 기능 실험 결과는 [그림 7.7]과 같다. [그림 7.7(a)]에서 계통 주파수를 61Hz로 증가시켰으며 ΔFreq는 1Hz가 된다. 이는 고주파수 구간1에 해당하여 스마트 인버터는 30초 동안 의무운전을 수행한다. 의무운전을 수행한 후 스마트 인버터는 계통으로부터 탈락한다.

[그림 7.7(b)]에서는 계통 주파수를 고주파수 구간2에 해당하는 값인 62Hz로 증가시킨다. 이에 따라 스마트 인버터는 계통으로부터 즉시정지 동작을 수행한다. 스마트 인버터는 고주파수 구간에 따라 설정된 운전을 수행하고 이를 통하여 L/HFRT 기능을 확인하였다.

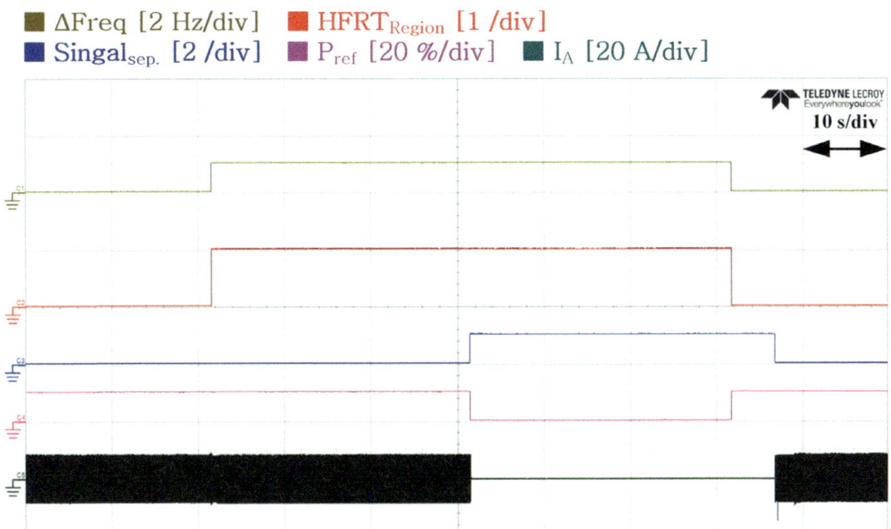

(a) HFRT$_{Region}$ = 1

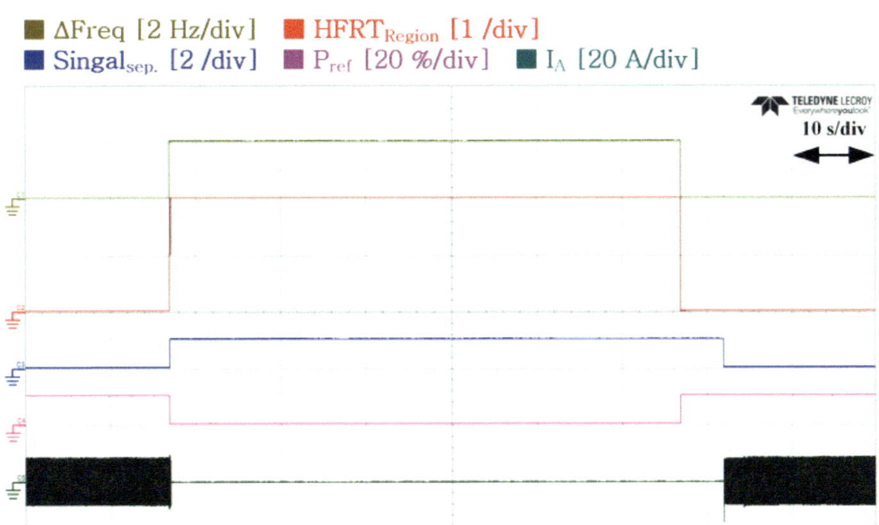

(b) HFRT$_{Region}$ = 2

[그림 7.7] 고주파수 상황의 L/HFRT 기능 실험 결과

7.4 참고문헌

[1] I. Sadeghkhani, M. E. H. Golshan, J. M. Guerrero, and A. Mehrizi-Sani, "A Current Limiting Strategy to Improve Fault Ride-Through of Inverter Interfaced Autonomous Microgrids," *IEEE Trans. Smart Grid*, vol. 8, no. 5, pp. 2138-2148, Sep. 2017.

[2] D. Shin, K.-J. Lee, J.-P. Lee, D.-W. Yoo, and H.-J. Kim, "Implementation of Fault Ride-Through Techniques of Grid-connected Inverter for Distributed Energy Resources with Adaptive Low-Pass Notch PLL," *IEEE Trans. Power Electron.*, vol. 30, no. 5, pp. 2859-2871, May 2015.

[3] Y. Xiao and L. Peng, "A Novel Fault Ride-Through Strategy Based on Capacitor Energy Storage Inside MMC," *IEEE Trans. Power Electron.*, vol. 35, no. 8, pp. 7960-7971, Aug. 2020.

[4] Generating Facility Interconnections, California Electric Rule 21, 2014.

[5] B. Seal, "Common Functions for Smart Inverters," 4th ed., EPRI Palo Alto, CA, USA, EPRI Report 3002008217, Dec. 2016.

Smart Inverter

CHAPTER 08

Watt-VAR 제어 기능

Chapter

08 Watt-VAR 제어 기능

본 절에서는 스마트 인버터의 Watt-VAR 제어 기능을 소개한다. Watt-VAR 기능은 지령 무효전력을 유효전력의 크기에 따라 능동적으로 제어한다. Watt-VAR 제어 기능 곡선은 Volt-Watt, Volt-VAR 제어 기능 곡선을 기준으로 설정한다.

8.1 Watt-VAR 제어 기능 곡선

[그림 8.1]은 유효전력 크기에 따라 무효전력의 출력값을 제어하는 Watt-VAR 제어 기능 곡선을 나타낸다. 유효전력의 출력값이 50%를 초과하고 증가함에 따라 무효전력의 출력도 증가한다. 유효전력의 출력 범위가 정격전력의 -50%~50% 이내에 존재하면 무효전력을 출력하지 않는다. 유효전력 출력값의 변화에 따라 무효전력의 출력이 결정되며 이에 따라 제어 기능 곡선을 설정한다.

제어 기능 곡선을 설정하기 위한 배열의 개수는 선택할 수 있으며, [그림 8.1]에서 예시로 나타낸 제어 기능 곡선은 총 6개의 배열을 이용하며 유효전력 및 무효전력의 비율을 정격전력의 100% 또는 100% 미만으로 설정한다. 정격전력에 대한 무효전력의 비율이 양이면 용량성 무효전력을 출력하며 음이면 유도성 무효전력을 출력한다. 정격전력에 대한 유효전력의 비율이 감소하면 용량성 무효전력의 비율이 증가한다. 정격전력에 대한 유효전력의 비율이 증가하면 유도성 무효전력의 비율도 증가한다. 세 가지 설정 파라미터를 가지고 Watt-VAR 제어 기능 곡선을 구성한다.

스마트 인버터에서 정격 무효전력의 표기가 없다면 정격 출력의 100%를 정격 피상전력으로 간주한다. 무효전력을 유효전력보다 우선한다면 피상전력이 스마트 인버터의 정격보다 클 때, 무효전력을 출력하기 위해 유효전력을 감소시킨다. Watt-VAR 설정의 x축은 정격전력에 대한 유효전력의 백분율로 정의되며, 양의 값은 최대 유효전력의 출력량(WMax), 음의 값은 최대 유효전력 흡수량(WChaMax)을 의미한다. WMax와 WChaMax 설정값은 크기가 다를 수 있다.

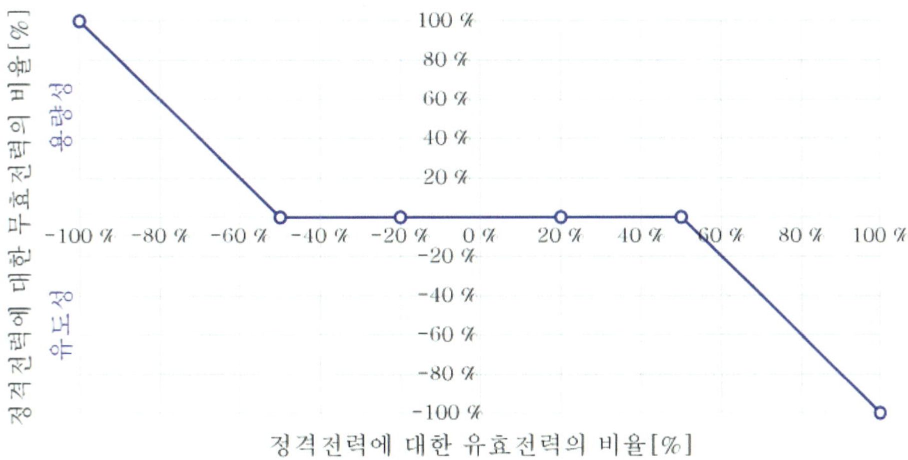

(a) 유효전력 및 무효전력의 비율이 정격전력의 100%로 설정된 경우

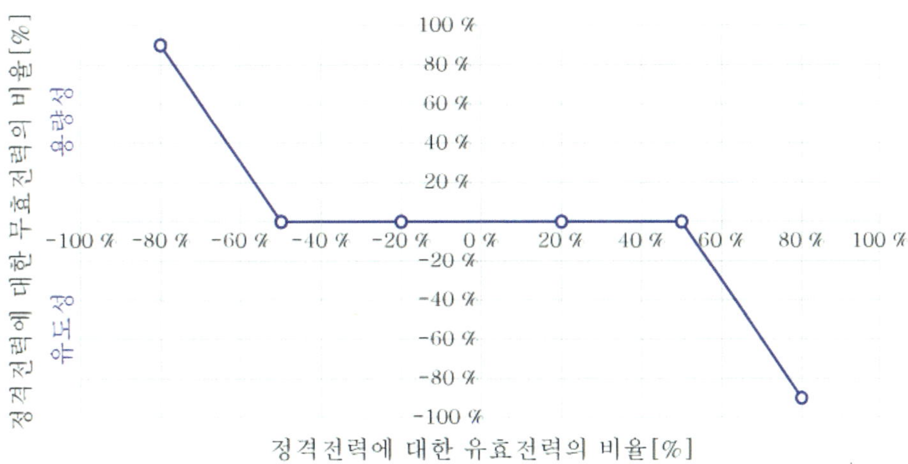

(b) 유효전력 및 무효전력의 비율이 정격전력의 100% 미만으로 설정된 경우

[그림 8.2] Watt-VAR 제어 기능 곡선

8.2 참고문헌

[1] A. Ali, K. Mahmoud, D. Raisz, and M. Lehtonen, "Probabilistic Approach for Hosting High PV Penetration in Distribution Systems Via Optimal Oversized Inverter with Watt-Var Functions," *IEEE Syst. J.*, vol. 15, no. 1, pp. 684-693, Apr. 2020.

[2] Rabih A. Jabr, "Segregated Linear Decision Rules for Inverter Watt-Var Control," *IEEE Trans. Power Syst.*, vol. 36, no. 3, pp. 2702-2708, May 2020.

[3] J. H. Braslavsky, L. D. Collins, and J. K. Ward, "Voltage Stability in A Grid-connected Inverter with Automatic Volt-Watt and Volt-VAR function," *IEEE Trans. Smart Grid*, vol. 10, no. 1, pp. 84-94, Jan. 2019.

[4] K. Alboaouh and S. Mohagheghi, "Voltage, Var and Watt Optimization for A Distribution System with High PV Penetration : A Probabilistic Study," *Electr. Power Syst. Res.*, vol. 180, no. 106159. Mar. 2020.

[5] T. M. Wanzeler, J. P. A. Vieira, P. Radatz, V. C. Souza, and D. C. Pinheiro, "Assessing the Performance of Smart Inverter Volt-Watt and Volt-Var Functions in Distribution Systems with High PV Penetration," in *Proc. Simp. Brasileiro Sistemas Eletricos*, pp. 1-6, May 2018.

[6] M. K. Singh, V. Kekatos, S. Taheri, K. P. Schneider, and C.-C. Liu, "Joint Grid Topology Reconfiguration and Design of Watt-VAR Curves for DERs," *IEEE Trans. Smart Grid*, vol. 11, no. 3, pp. 2357-2366, May. 2020.

[7] J. H. Braslavsky, J. K. Ward, and L. Collins, "A Stability Vulnerability in the Interaction between Volt-VAR and Volt-Watt Response Functions for Smart Inverters," in *Proc. IEEE Conf. Control Appl.*, pp. 733-738, Sep. 2015.

[8] B. Seal, "Common Functions for Smart Inverters," 4th ed., EPRI Palo Alto, CA, USA, EPRI Report 3002008217, Dec. 2016.

CHAPTER 09

제어 기능 우선순위

Chapter

09 제어 기능 우선순위

본 절에서는 스마트 인버터의 제어 기능에서 동작의 우선순위를 설명한다. 유효전력 또는 무효전력의 출력 변화와 같이 연계점 전압 변동에 대하여 동일한 파라미터의 영향을 받는 제어 기능이 동시에 활성화되면 동작의 우선순위를 설정해야만 한다.

9.1 우선순위 정의

[표 9.1]은 유효전력과 관련된 기능의 우선순위를 나타낸다.

[표 9.1] 유효전력과 관련된 기능의 우선순위

우선순위	설정/기능	요약
1순위 (기본적인 물리적 한계)	에너지원 또는 자체 제한 (안전 등)	분산전원 시스템은 외부 조건에 의한 제한 조건을 갖는다. 특히, 신재생 에너지원의 변화에 따라 결정되는 출력의 제한은 인버터에서 유효전력의 출력을 결정하는 기본적인 제한 조건이다.
2순위 (명판 및 장치 제한 설정)	최대 유효전력 출력량(WMax) 및 최대 유효전력 흡수량(WChaMax) 설정	인버터 정격에 의해 결정되는 최대 입력 전력 및 최대 출력 전력이다. 출력을 정격보다 작게 설정할 수 있지만, 정격보다 큰 값으로 설정할 수는 없다. 명판의 정격 유효전력은 정보 제공용이며 유효전력의 출력에 직접적인 영향을 미치지 않는다.

우선순위	설정/기능	요약
3순위 (동작 경계에 직접적으로 영향을 미치는 설정)	분산형 에너지 자원(DER)의 전원 출력 기능 제한	최대 유효전력의 출력량(WMax)을 100% 미만으로 줄이는 역할을 한다. 유효전력의 감소는 비정상 전압과 비정상 주파수 등과 같은 상황에서 발생한다. 해당 기능은 동시에 활성화될 수 있으며, 상대적 우선순위는 동일하고 새롭게 설정된 유효전력의 출력값 중에서 가장 낮은 값을 사용하여 제어를 수행한다.
	Frequency-Watt 제어 기능	
	스냅샷 기능이 있는 Frequency-Watt 제어 기능	
	Volt-Watt 제어 기능	
	Watt-VAR 제어 기능	
4순위 (능동 기능 : 일시적 활성)	능동 유효전력 지원	현재 유효전력의 출력량에서 추가로 발전량을 증가 및 감소시킬 수 있다. 두 기능의 우선순위는 동일하며, 동시에 활성화될 수 있다.
	능동 Volt-Watt 제어 기능	
5순위 (유효전력의 입/출력을 관리하는 정상 상태 기능)	직접 충, 방전 저장 기능	각 기능은 스마트 인버터의 유효전력의 방향을 관리한다. 각 기능은 상호 배타적이며 동시에 활성화할 수 없으며 상위 기능의 작동에 영향을 주지 않는다.
	발전 비용 기능	
	최대 전력 제한 기능	
	부하/발전 추종 기능	
	등시성 모드	

[표 9.2]는 분산전원의 무효전력과 관련된 기능의 우선순위를 나타낸다.

[표 9.2] 무효전력과 관련된 기능의 우선순위

우선순위	설정/기능	요약
1순위 (기본적인 물리적 한계)	자체 제한	분산전원 시스템은 외부 조건에 의한 제한 조건을 갖는다. 특히, 신재생 에너지원의 변화에 따라 결정되는 출력의 제한은 인버터에서 무효전력의 출력을 결정하는 기본적인 제한 조건이다.
2순위 (명판 및 장치 제한 설정)	VARmax 기능 설정	인버터 정격에 의해 결정되는 최대 무효전력 값이다. 출력을 정격보다 작게 설정할 수 있지만, 정격보다 큰 값으로 설정할 수는 없다. 명판의 정격 무효전력은 정보 제공용이며 무효전력의 출력에 직접적인 영향을 미치지 않는다.
3순위 (동작 경계에 직접적으로 영향을 미치는 설정)	현재 무효전력에 대해 정의는 존재하지 않음	.
4순위 (능동 기능 : 일시적 활성)	능동 무효전류 지원 기능	5순위 기능 중 하나를 기반으로 현재 출력에 추가 무효전류를 생성한다.
5순위 (무효전력의 입/출력을 관리하는 정상 상태 기능)	역률 기능 조정	해당 기능을 통해 출력하고자 하는 무효전력의 크기를 설정한다. 각 기능에 의해 결정되는 무효전력의 크기는 출력 유효전력과 간접적으로 관련이 있다. 각 기능의 우선순위는 동일하지만 동시에 활성화할 수 없으므로 기능 충돌은 발생하지 않는다.
	Volt-VAR 기능	
	Watt-VAR 기능	
	Watt-PF 기능	
	등시성 모드	

9.2 참고문헌

[1] B. Seal, "Common Functions for Smart Inverters," 4th ed., EPRI Palo Alto, CA, USA, EPRI Report 3002008217, Dec. 2016.

[2] J. C. Vasquez, R. A. Mastromauro, J. M. Guerrero, and M. Liserre, "Voltage Support Provided by A Droop-Controlled Multifunctional Inverter," *IEEE Trans. Ind. Electron.*, vol. 56, no. 11, pp. 4510-4519, Nov. 2009.

[3] M. Ashari, C. V. Nayar, and S. Islam, "Steady-State Performance of A Grid Interactive voltage source inverter," in *Proc. IEEE Power Eng. Soc.*, pp. 650-655, July. 2001

[4] J. Schiffer, R. Ortega, A. Astolfi, J. Raisch, and T. Sezi, "Conditions for Stability of Droop-Controlled Inverter-Based Microgirds," *Elect. Power Syst. Res*, vol. 50, no. 10, pp. 2457-2469, Apr. 2014.

[5] M. A. Ghasemi and M. Parniani, "Prevention of Distribution Network Overvoltage by Adaptive Droop-Based Active and Reactive Power Control of PV Systems," *Elect. Power Syst. Res.*, vol. 133, pp. 313-327, Apr. 2016.

[6] R. Tonkoski, L. A. C. Lopes, and T. H. M. EI-Fouly, "Coordinated Active Power Curtailment of Grid Connected PV Inverters for Overvoltage Prevention," *IEEE Trans. Sustain. Energy*, vol. 2, no. 2, pp. 139-147, Apr. 2011.

[7] P. Jahangiri and D. Aliprantis, "Distributed Volt/VAR Control by PV Inverters," *IEEE Trans. Power Syst.*, vol. 28, no. 3, pp. 3429-3439, Aug. 2013.

Smart Inverter

CHAPTER 10

스마트 인버터 동작 상태 모니터링 및 그룹 제어

Chapter

10 스마트 인버터 동작 상태 모니터링 및 그룹 제어

신재생 에너지원을 사용하는 분산발전 시스템의 효율적인 관리를 위하여 분산전원의 그룹화가 필요하다. 본 절에서는 분산전원의 그룹화 목적과 개념을 정의하고 동작 상태 모니터링 및 그룹 제어를 소개한다.

10.1 분산전원의 그룹화 목적 및 개념 정의

신재생 에너지를 사용하는 분산전원의 설치가 증가함에 따라 배전계통에 미치는 좋지 않은 영향이 증가하고 있다. 현재까지 설치된 분산전원용 전력변환장치는 출력 제어 기능을 지원하지 않기 때문에 계통의 운영을 관리하는 차원에서는 제어할 수 없다. 분산전원의 효율적인 활용과 계통의 안정화를 위해서는 계통 상황에 따라 출력 제어가 가능한 통합 관리 시스템이 필요하다. [그림 10.1]은 분산전원 관리 시스템의 연계 및 계층 구성도를 나타낸다. 배전 관리 시스템(Distribution Management System, DMS)은 계층의 가장 상위에 설치되어 분산전원의 동작 상태를 모니터링하고 제어 및 관리를 수행하기 때문에 계층의 하위 계통에 연계된 다수의 분산전원을 효과적으로 관리하지 못한다. 따라서 계층의 하위에 연계된 분산전원을 그룹화하여 효율적으로 관리하기 위한 중간 계층의 분산전원 관리 시스템(Distributed Energy Resource Management System, DERMS)을 설치한다. 이를 통해 특정 지역에 설치된 분산전원을 그룹화하고 모니터링 및 제어를 수행한다. 분산전원 관리 시스템은 스마트 인버터에 제어 명령을 직접 인가하고 동작 정보를 효율적으로 수집하여 관리할 수 있다. 분산전원과 DERMS는 Utility Gateway, Group Gateway라고 부르는 통신장치를 통해 계통 운영에 필요한 정보를 전송한다.

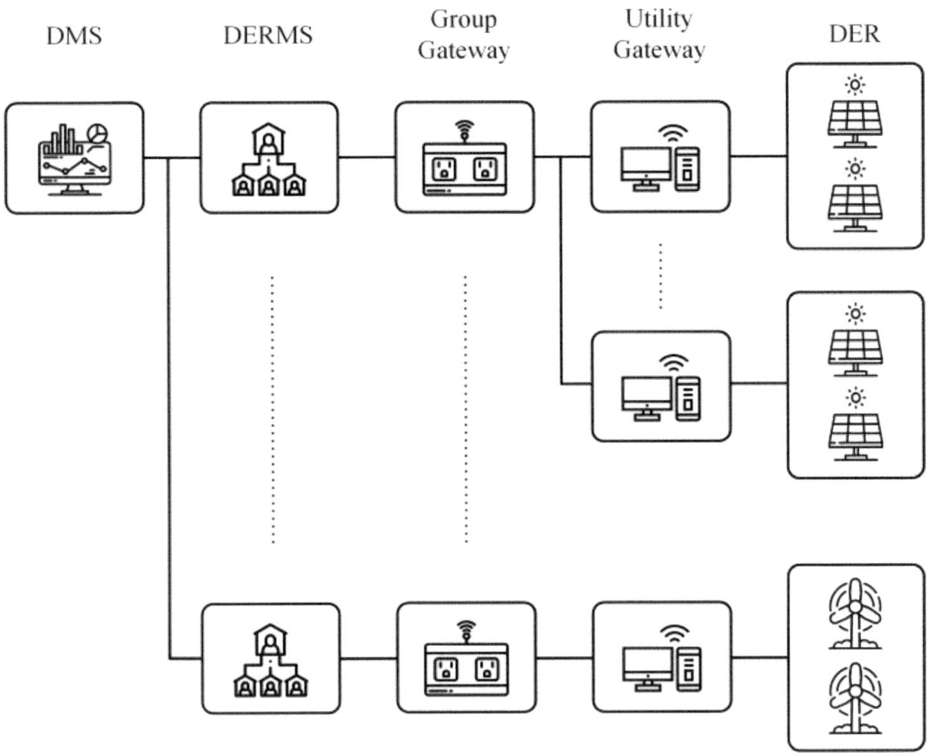

[그림 10.1] 분산전원 관리 시스템의 연계 및 계층 구성도

[그림 10.2]는 분산전원 종합운영시스템의 구성도를 나타내며, 분산전원은 발전 용량에 따라 저압 또는 특고압으로 배전 계통에 연계된다. 특고압 계통에서는 분산전원용 단말장치, AVM (Automatic Voltage Regulator) 기능 단말장치 등을 이용하여 전력 품질 및 발전 정보 등을 모니터링한다. 특고압 분산전원용 단말장치는 계통의 여러 정보들을 수집하여 AVM 기능 단말장치로 전달하고, AVM 기능 단말장치는 연계점 전압 제어를 통해 배전 계통의 적정 전압을 유지한다. 저압 계통에서는 분산전원용 단말장치를 이용하여 상태를 모니터링한다. 저압 분산전원용 단말장치는 필요 정보들을 수집하고 분산전원의 전력 품질 감시, 전압 제어, 출력 제어 등을 담당한다. 이러한 분산전원 관리 시스템을 이용하여 배전 계통 분산전원의 수용 용량에 대한 체계적인 산정 및 분석이 가능하다.

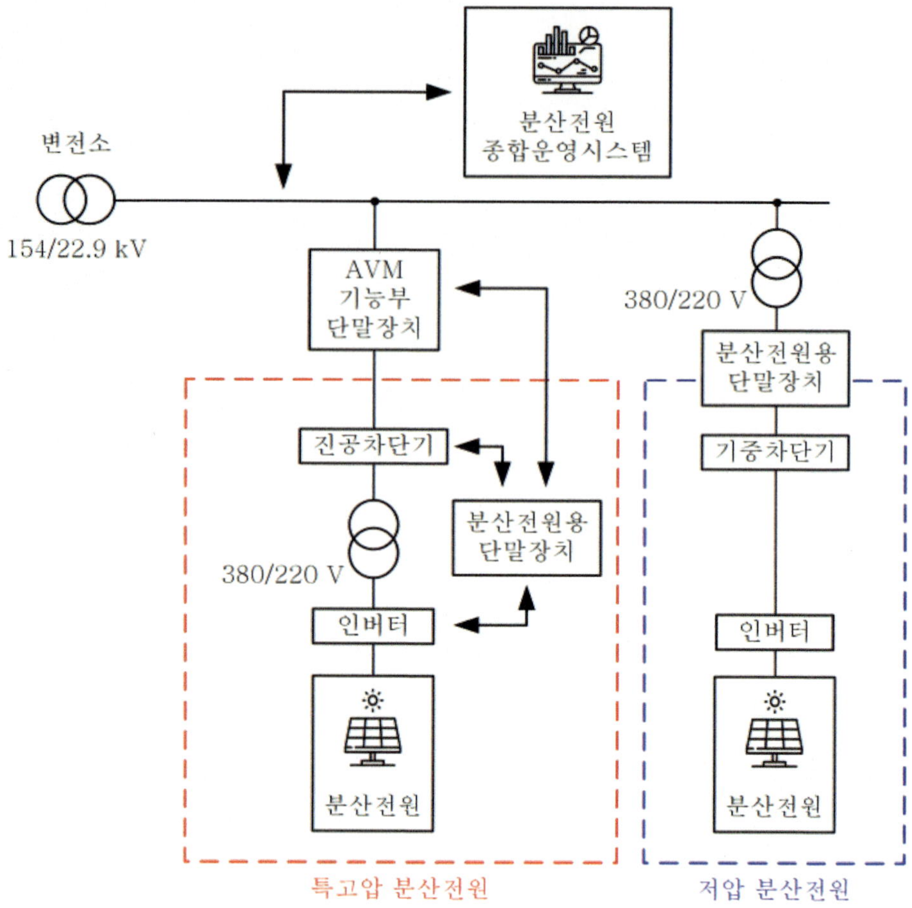

[그림 10.2] 분산전원 종합운영시스템의 구성도

10.2 동작 상태 모니터링 및 그룹 제어

분산전원 관리 시스템은 스마트 인버터의 동작 상태를 모니터링하고 계통의 안정적인 운영을 지원하기 위해 출력 제어 기능의 파라미터를 설정한다. 상태 정보와 출력 제어 기능 파라미터는 [표 10.1]~[표 10.4]와 같다. 파라미터는 상시 모니터링 또는 요청이 발생하면 갱신된다. 일부 파라미터는 스마트 인버터에서 자체적으로 변경할 수 있으며 계통 운영의 권한으로 변경 가능한 파라미터도 있다.

[표 10.1] 기본 정보를 나타내는 파라미터

파라미터	요약
연계 시간	스마트 인버터가 전력 계통에 연계된 총 시간
작동 시간	스마트 인버터가 작동한 총 시간
연계/탈락 스위치 상태	스마트 인버터가 연계점에 연계되어 있는지에 대한 여부
PV 여부	해당 시스템에 PV의 포함 여부
ESS 여부	해당 시스템에 ESS의 포함 여부
무효전력 출력 기능 여부	해당 장치의 무효전력 제공 기능 여부
현재 작동 모드 및 기능	현재 동작하고 있는 모드 또는 기능

[표 10.2] 상세 정보를 나타내는 파라미터

파라미터	요약
인버터 상태	인버터의 켜짐(작동), 꺼짐(작동 불가) 또는 대기 모드(작동 가능하지만 현재 작동하지 않음)
DC 전압	DC 입력 전압[V]
DC 전류	DC 입력 전류[A]
Local/Remote 제어 모드	인버터의 제어 모드
무효전력 설정값	출력 무효전력의 설정값[VAR]
역률 설정값	역률의 설정값
공칭 주파수 설정값	공칭 주파수의 설정값[Hz]
계통의 상 유형	단상, 3상, Δ-결선, Y-결선, Y-접지, 기타 등

[표 10.3] 측정된 에너지/전력을 나타내는 파라미터

파라미터	요약
인버터 유효전력	현재 유효전력(순시값) 표기 양의 부호는 발전 전력 및 저장된 에너지의 방전 음수 부호는 소비 전력 및 에너지 저장 장치로의 충전
인버터 무효전력	현재 무효전력 표기 부호는 유도성(음수) 또는 용량성(양수)
역률	연계점의 역률
현재 계통 주파수	연계점의 전압 주파수[Hz]
연계점의 유효전력	연계점의 유효전력[W]
연계점의 무효전력	연계점의 무효전력[VAR]
상전압	상전압 값[V]
전압각	전압 위상각[°]
역률 및 제한	역률 값(부호 포함)의 상한 및 하한
공급한 유효전력	계통에 공급한 유효전력량[Watt-hours]
공급받은 유효전력	계통으로부터 공급받은 유효전력량[Watt-hours]
공급한 무효전력	계통에 공급한 무효전력량[VAR-hours]
공급받은 무효전력	계통으로부터 공급받은 무효전력량[VAR-hours]

[표 10.4] 명판 및 설정 정보를 나타내는 파라미터

파라미터	요약
인버터 명판의 정격 피상전력	인버터의 피상전력 출력량[VA]
인버터 명판의 정격 유효전력	인버터의 유효전력 출력량[Watt]
인버터 명판의 정격 무효전력	인버터의 무효전력 출력량[VAR]
시간 분해능	시간 분해능 및 정밀도

10.3 참고문헌

[1] I. Sadeghkhani, M. E. H. Golshan, J. M. Guerrero, and A. Mehrizi-Sani, "A Current Limiting Strategy to Improve Fault Ride-Through of Inverter Interfaced Autonomous Microgrids," *IEEE Trans. Smart Grid*, vol. 8, no. 5, pp. 2138-2148, Sep. 2017.

[2] R. Singh, "Foundational Report Series : Advanced Distribution Management System for Grid Modernization," Technical Report, Argonne National Lab, 2017.

[3] M. Ashari, C. V. Nayar, and S. Islam, "Steady-State Performance of A Grid Interactive voltage source inverter," in *Proc. IEEE Power Eng. Soc.* 2001, pp. 650-655.

[4] B. Seal, A. Renjit, and B. Deaver, "Understanding DERMS," Technical Results, EPRI, Report 3002013049, Jul. 2016.

[5] COPA-DATA, DERMS로 급변하는 에너지 공급 및 수요의 균형 조정, https://www.copadata.com/ko/industries/energy-infrastructure/energy-insights/balancing-supply-and-demand-with-derms/energy-infrastructure-2/

[6] EPRI, Distributed Energy Resource Management Systems (DERMS), https://bixpo.kr/home/2016/bixpo2016/Files/2.%20DERMS.pdf

[7] GRG-Dr. Gerald R. Gray, DERMS, Federated Architecture for DER, AND the Enabling. Standards, https:cigre.ca/papers/2020/C6/256/derms-federated-architecture-for-der-and-the-enabling-standards-110-paper.pdf

[8] B. Seal, "Common Functions for smart Inverters," 4th ed., EPRI Palo Alto, CA, USA, EPRI Report 3002008217, Dec. 2016.

[9] 한전KDN, 분산형전원 종합운영시스템, http://www.kdn.com/menu.kdn?mid=a10203260000

INDEX

INDEX

스마트 인버터

초판인쇄 | 2021년 12월 20일
초판발행 | 2021년 12월 23일

저　　자 | 이선행 · 차지윤 · 조성준 · 조성수 · 이교범
발 행 인 | 이성범
발 행 처 | 문운당
주　　소 | 서울시 종로구 혜화로5길 16 (명륜1가 45-3)
출판등록 | 1962년 7월 4일 제 1-139
전　　화 | (02)762-6010
이 메 일 | 영업 munun2@chol.com
편집 munundang@naver.com
홈페이지 | http://munundang.co.kr

ISBN 979-11-5692-584-2 93560

정가 14,000원